NAVIGATION A VAPEUR

TRANSOCÉANIENNE

LAGNY. — IMP. DE A. VARIGAULT.

NAVIGATION
A VAPEUR
TRANSOCÉANIENNE

ÉTUDES SCIENTIFIQUES

AGITATION DE LA MER

STABILITÉ — FORMES DES NAVIRES — RÉSISTANCE A LA MARCHE

APPAREILS MOTEURS : ROUES — HÉLICE — VOILURE

CONSTRUCTION EN FER ET EN BOIS

AMÉNAGEMENTS — DIMENSIONS — VITESSE — RISQUES ET DANGERS

ÉTUDES ÉCONOMIQUES ET DE STATISTIQUE

SERVICES POSTAUX TRANSOCÉANIENS ANGLAIS ET FRANÇAIS

TRANSPORT DES PASSAGERS ET DES ÉMIGRANTS

PAR

EUGÈNE FLACHAT

INGÉNIEUR

DEUX VOLUMES ET UN ATLAS

ATLAS

PARIS

LIBRAIRIE POLYTECHNIQUE DE J. BAUDRY, ÉDITEUR

15, RUE DES SAINTS-PÈRES

MÊME MAISON A LIÉGE

—

1866

NAVIGATION

A VAPEUR TRANSOCÉANIENNE

ATLAS

EXPLICATION DES PLANCHES

PLANCHE I

Mouvement moléculaire de l'eau dans l'ondulation.

PLANCHE II

Tracé des ondes.

Ces deux planches sont reproduites des Mémoires de Brémontier et de Virla, et des traités plus récents d'Airy et de Macquorn Rankine. Elles décrivent le mouvement moléculaire de l'eau dans l'ondulation, d'après la théorie du syphonement de Newton, produisant un mouvement vertical, et d'après la théorie d'Emy et d'Airy, d'après laquelle le mouvement moléculaire serait orbitaire. Les fig. 1 à 5 de la planche 1ʳᵉ, indiquent le mouvement orbitaires Les figures 1 et 2 de la planche 2 s'appliquent au mouvement vertical. La fig. 3, pl. 2, au mouvement orbitaire.

Nous avons fait remarquer qu'Airy avait reproduit les dessins d'Emy et sa théorie sans en indiquer la source.

La fig. 4 indique la forme des lames sur une plage inclinée. La fig. 5 indique la forme d'une lame remontant un obstacle vertical.

PLANCHE II *bis*

Ondulation. Influence de la profondeur du fond sur la forme de l'onde.

Cette planche est extraite du traité d'Airy sur les vagues et marées.

Le mot *bas-fond* signifie que le fond est bas, est profond, par rapport au plan d'eau, et les figures indiquent que, dans ce cas, l'agitation de l'eau n'atteignant pas le fond, la vague y prend sa forme naturelle. *Haut-fond* signifie que le fond s'est relevé par rapport au plan d'eau et que, situé dans la zone d'agitation, il a une influence immédiate sur la forme des vagues.

La fig. 7 indiquant la forme d'agitation dans une mer sans profondeur peut être comparée à la fig. 8, indiquant l'agitation dans une mer profonde, les circonstances atmosphériques étant semblables. Les courbes de la seconde sont beaucoup plus allongées que dans la première.

Les fig. 5 et 6 indiquent également que la situation du fond dans la zone d'agitation, a pour effet d'augmenter l'acuité des courbes de l'ondulation. L'irrégularité des vagues qui se montre dans l'ensemble de ces figures provient de ce que les ondulations qui se suivent, croissant de vitesse, absorbent successivement celles qui les précèdent.

PLANCHE III

Stabilité. — Métacentre.

Extraite du traité de construction navale de M. de Fréminville.

La théorie n'a pas changé depuis Euler et Bernouilli, mais elle a gagné en clarté et en précision.

PLANCHE IV

Tracé des lignes d'eau.

Pour l'avant des navires d'après le *Wave line system*.

Les figures 2 et 3 ont été empruntées par Scott-Russell aux mémoires publiés par Macneil, ingénieur anglais, et un peu plus tard par John Russel, le dernier est intitulé : *Recherches expérimentales sur les lois de certains phénomènes hydrodynamiques qui accompagnent le mouvement des corps flottants.*

Ce dernier mémoire a été traduit par MM. Emmery et Mary ingénieurs en chef des ponts et chaussées, et reproduit dans les annales du corps, 2ᵉ semestre de 1837.

Scott-Russell, en a reproduit les dessins, en 1860, comme le résultat d'expériences personnelles.

La fig. 1 se rapporte aux méthodes de l'emploi du pendule pour le tracé des courbes d'acuité des navires. Elle est empruntée au traité de Bourne, sur la construction navale. Les fig. 4 et 5, représentent les méthodes employées par Scott-Russell pour le tracé des courbes cycloïdales.

PLANCHE V

Lignes d'eau. — Sillage.

Empruntée au traité de construction navale de Macquorn Rankine.

Les creux des quatre ondulations sont indiqués dans le plan ; elles forment des angles aigus. Deux autres ondulations causées par l'excès du déplacement de l'avant du navire sur l'arrière, forment un angle obtus. Ces lignes se rapportent à un navire dont l'acuité est relativement faible.

PLANCHE VI

Utilisation de la vapeur.

Représente quatorze diagrammes relevés sur le navire transatlantique l'*Europe*, à différentes pressions et introductions de vapeur.

PLANCHE VII

Navire en bois. — Construction.

Extraite du traité de construction navale de Murray.

PLANCHE VIII

Clipper en bois. — SCHOMBERG.

Extraite du même ouvrage.

PLANCHE IX

Navire en fer. — Construction.

Extraite du traité de construction navale de Fincham.

PLANCHE X

Navires en fer échoués sur leur centre et sur leurs extrémités.

Publication de Fairbairn (*Useful informations for engineers*).

PLANCHE XI

Navire à voile.

Ce type de navire est extrait du traité de construction de Fincham.

PLANCHE XII

**NAPOLÉON III. — Paquebot de la Compagnie transatlan-
tique. — Ligne de New-York (gréement) et plan du
pont.**

Dessin de M. A. Forquenot, ingénieur de la Marine. Construit
par MM. Ford et Bell. *Thames iron Works, Londres.*

PLANCHE XIII

MONGOLIA. — Navire mixte à hélice (gréement).

Dessin de MM. Scott et Comp, de Greenock.

PLANCHE XIV

**LA GLOIRE, frégate cuirassée construite par M. Dupuy
de Lôme (gréement).**

PLANCHE XV

WARRIOR, frégate cuirassée (gréement.)

PLANCHE XVI

Paquebot transatlantique à roues, ARAGO, aménagements.

La fig. 1 reproduit le pont supérieur. La fig. 2, le premier
entrepont contenant les salons et cabines. La fig. 3. le second
entrepont contenant des cabines. Ce paquebot navigue entre le
Havre, Southampton et New-York.

PLANCHE XVII

**NAPOLÉON III, paquebot de la Compagnie transatlantique.
Ligne de New-York. (aménagements.)**

Un plan et onze coupes. Le plan passe par la chambre des machines, les chaudières, les soutes à charbon, les cales à marchandises et à provisions.

Les coupes fournissent des détails sur les appropriations des entreponts.

Dessin de M. Forquenot.

PLANCHE XVIII

Même paquebot.

Fig. 1, vue du pont supérieur. Ce pont indique la situation des claires-voies, écoutilles, escaliers, cheminées. Les dimensions des teugues et de la dunette. Fig. 2, distribution de l'entrepont inférieur, cabines à l'avant et à l'arrière. Dessin de M. Forquenot.

PLANCHE XIX

Même navire.

La fig. 2, indique les aménagements de l'entrepont. La fig. 1, est une coupe verticale par l'axe longitudinal du navire. Les numéros de renvoi indiquent la destination de chacun des compartiments. Dessin de M. Forquenot.

PLANCHE XX

**Aménagements d'un paquebot transatlantique à hélice
naviguant directement entre Londres et Calcutta
par le Cap.**

Ces aménagements sont semblables à ceux des navires mixtes à spardeck naviguant entre l'Angleterre et l'Australie par le Cap.

La fig. 1 représente l'entrepont entièrement occupé par les cabines et les salons.

L'entrepont inférieur, fig. 2, est occupé à l'arrière par les cabines, et à l'avant par les cales à marchandises.

PLANCHE XXI

Paquebots de la Compagnie du Royal-Mail naviguant entre Southampton et Saint-Thomas. — Type ATRATO SHANNON ET SEINE.

La figure ne représente que les aménagements des deux entreponts. La vue extérieure du pont à spardeck étant analogue à celle de l'*Arago* et du *Napoléon III*, n'a pas été reproduite.

Dessin de la Compagnie du Royal-Mail.

PLANCHE XXII

Paquebots transatlantiques de la Compagnie Cunard, PERSIA et SCOTIA.

La fig. 1 représente le plan à vol d'oiseau sur la moitié de la largeur du navire, et la vue, le toit du roof enlevé, sur l'autre moitié de la largeur. La fig. 2 représente les aménagements dans l'entrepont.

PLANCHE XXIII

Mêmes paquebots.

La fig. 4 est une coupe verticale passant par l'axe longitudinal du navire. Les figures 1, 2 et 3 passent par des plans transversaux. Ces dessins et les précédents sont extraits du récent traité de construction navale de Macquorn Rankine.

PLANCHE XXIV

Paquebot à hélice, PÉREIRE, de la Compagnie transatlantique. — Ligne de New-York.

PLANCHE XXV

Même navire.

La fig. 1 est la coupe verticale passant par l'axe longitudinal du navire. La fig. 3, même planche, est la vue du pont en supposant le toit du roof enlevé. La fig. 1, planche XXIV, représente les aménagements de l'entre pont et la fig 2, planche XXV, les aménagements des parties inférieures. Les dessins sont de M. Napier, constructeur à Glascow.

PLANCHE XXV *bis*

Même navire. — Gréement.

PLANCHE XXVI

Paquebot à roues de la Compagnie Orientale et Péninsulaire, naviguant entre Southampton et Alexandrie.

Extraite du traité de construction navale de Murray. La coupe verticale passant par l'axe longitudinal du navire en indique les aménagements.

PLANCHE XXVII

Paquebot Américain. — Construction. — Type de navire faisant la navigation du Pacifique entre Panama et San-Francisco.

Le pont supérieur est prolongé au-delà des murailles du navire et soutenu par des consoles en fer.

PLANCHE XXVIII

Paquebot de la Compagnie Orientale et Péninsulaire naviguant dans la mer des Indes.

Dessin extrait du traité de construction de Murray.

PLANCHE XXIX

Paquebots allemands naviguant entre Brême et New-York pour la North German Lloyd Company.

Ces paquebots sont construits en Angleterre et munis de machines à hélice.

Dessin extrait du traité de Murray.

PLANCHE XXX

Projet de gréement et voilure proposé par le capitaine Cole.

Mâts et vergues en fer, cordages fixes en fil de fer. Les mâts sont appuyés sur des étais triangulaires reliés au fond du navire, La superficie de voile est considérable. *Extrait des transactions des navals architects.*

PLANCHE XXXI

GREAT-EASTERN. — Construction. — Coupe par l'arbre des roues.

PLANCHE XXXII

GREAT-EASTERN. — Construction, aménagements.

Dessins extraits du traité de construction de Fincham. La fig. 1 est une section longitudinale du navire. La fig. 2 indique le tracé des lignes d'eau d'après la méthode de Scott-Russell, *Waves line system.*

PLANCHE XXXIII

Vue générale et gréement du GREAT-EASTERN.

Ces dessins sont extraits du traité de construction de Fincham.

PLANCHE XXXIV

Mouvement moléculaire de l'eau dans l'ondulation.

Fait partie de la note 2. Elle est reproduite du mémoire de Virla, ingénieur en chef des Ponts et Chaussées, sur le mouvement des ondes, écrit en réponse à un mémoire publié sur ce sujet par le Colonel Emy, et imprimé dans les *Annales des ponts et chaussées 2e semestre de 1855*.

Cette note se rattache intimement aux chapitres 3 et suivant, de nos études. L'identité des dessins de Virla et de ceux d'Airy qui leur sont postérieurs de vingt ans a déjà été signalée.

PLANCHE XXXV

GREAT-EASTERN, courbes de déplacement.

Extraite du traité de construction de Fincham.

Projet du navire de guerre le NAPOLÉON.

Par M. Dupuy de Lôme, note 3.

Courbes des voilures et des utilisations.

PLANCHE XXXVI

Échelle de déplacement d'un transatlantique à hélice.

PLANCHE XXXVII

Itinéraire du service postal de la Compagnie du Royal-Mail. — Service Anglais.

PLANCHE XXXVIII

Itinéraire du service postal de la Compagnie Cunard. — Service Anglais.

PLANCHE XXXIX

Itinéraire du service postal de la Compagnie Péninsulaire et Orientale — Service Anglais.

PLANCHE XL

Itinéraire du service postal de la Panama, Nouvelle-Zélande et Australian Company. — Service Anglais.

PLANCHE XLI

Itinéraire du service postal de la Compagnie générale transatlantique. — Service Français.

PLANCHE XLII

Itinéraire du service postal de la Compagnie des Messageries Impériales (Océan). — Service Français.

PLANCHE XLIII

Itinéraire du service postal de la Compagnie des Messageries Impériales (mer des Indes). — Service Français.

PLANCHE A

**GREAT-EASTERN, projection des lignes d'eau.
Échelle de déplacement.**

Extraite du traité de construction de Fincham.

PLANCHE B

**NAPOLÉON III. — Paquebot de la Compagnie transat-
lantique. — Ligne de New-York. — Projection
des lignes d'eau.**

Dessin de M. Forquenot.

PLANCHE C

Même navire. — Lignes d'eau.

PLANCHE D

**Paquebots transatlantiques, PERSIA et SCOTIA
de l aCompagnie Cunard.**

Dessin de Macquorn Rankine.

PLANCHE E

GREAT-EASTERN. — Construction cellulaire de la carène.

Extraite du traité de construction de Fincham.

FIN DE L'ATLAS.

Lagny. — Imp. A. VARIGAULT.

Fig. 5.

Fig. 3.

Fig. 1.

Fig. 2.

Fig. 4.

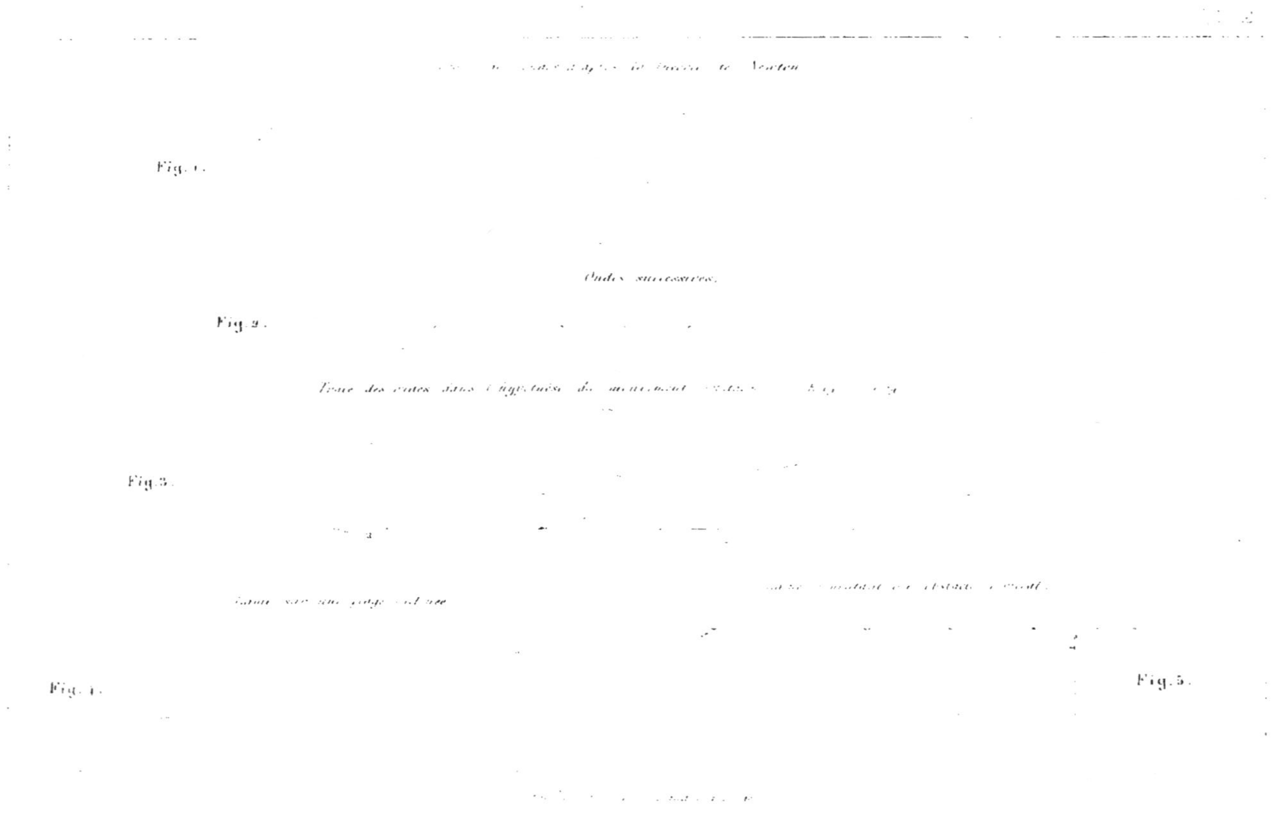

Fig. 1.

Ondes successives.

Fig. 2.

Fig. 3.

Fig. 4.

Fig. 5.

ONDULATIONS

INFLUENCE DE LA PROFONDEUR ET DU FOND SUR LA FORME DE L'ONDE   Pl. 22

Fig. 2.

Fig. 1.

TRACÉ DES LIGNES D'EAU

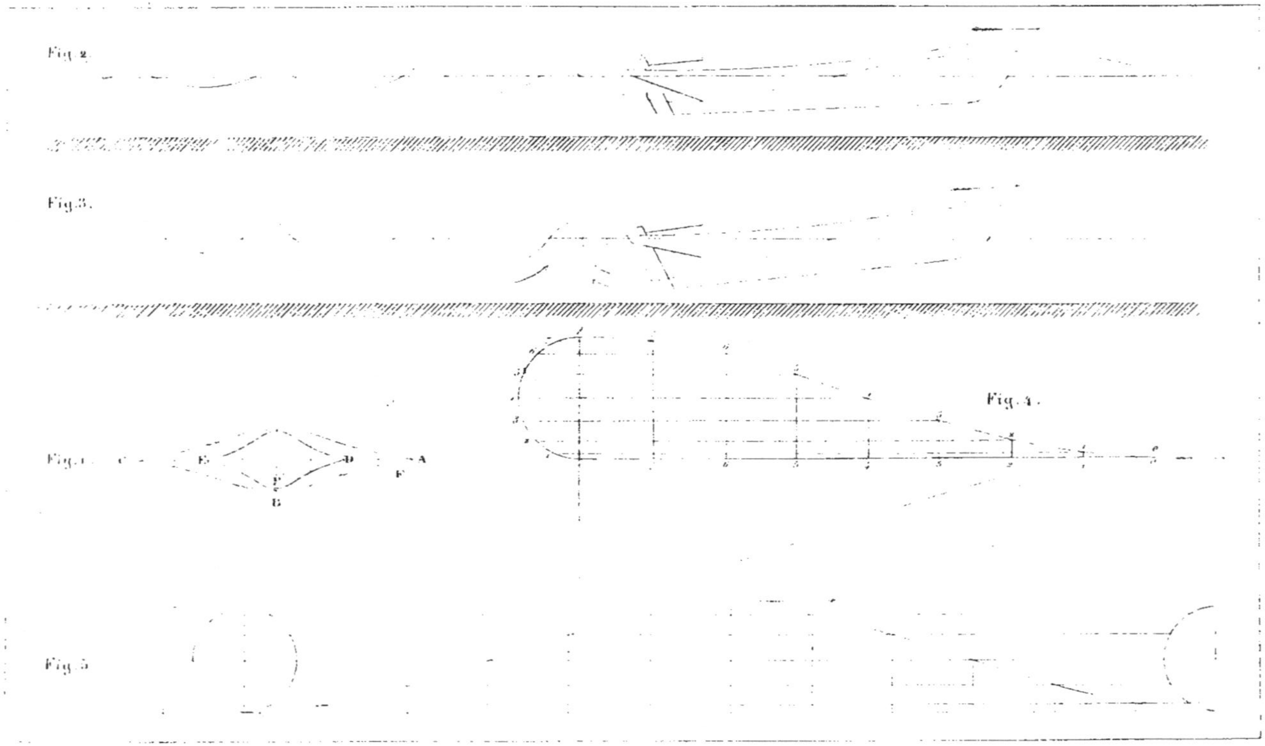

Fig. 2.
Fig. 3.
Fig. 4.
Fig. 4.
A
B
D
E
F
Fig. 5.

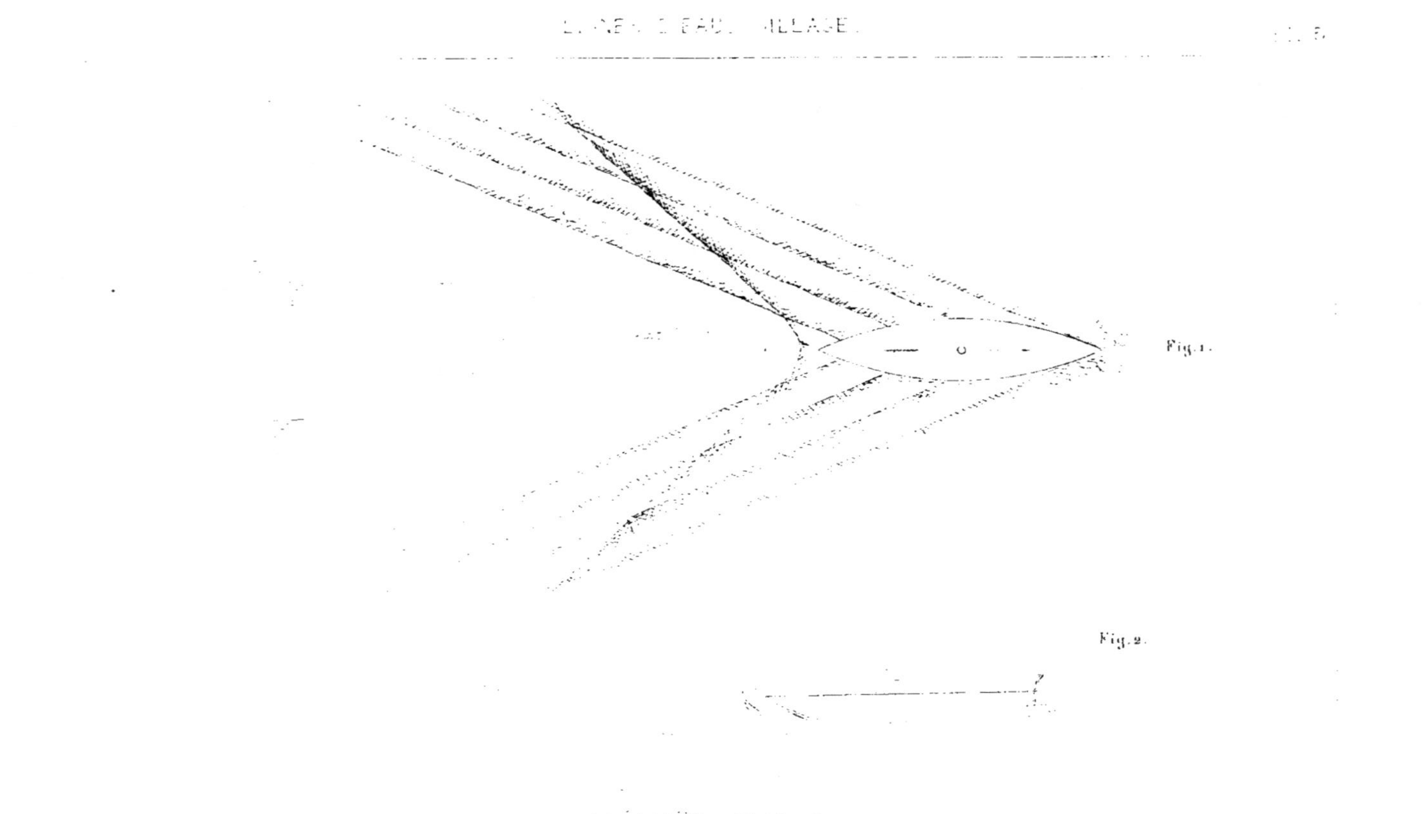
Fig.1.
Fig.2.

Fig. 1

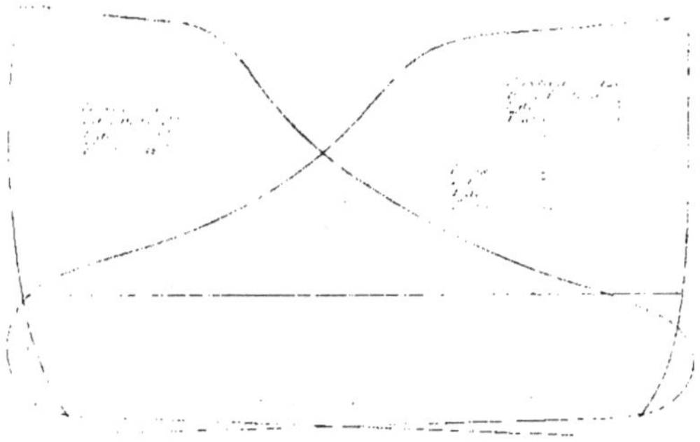

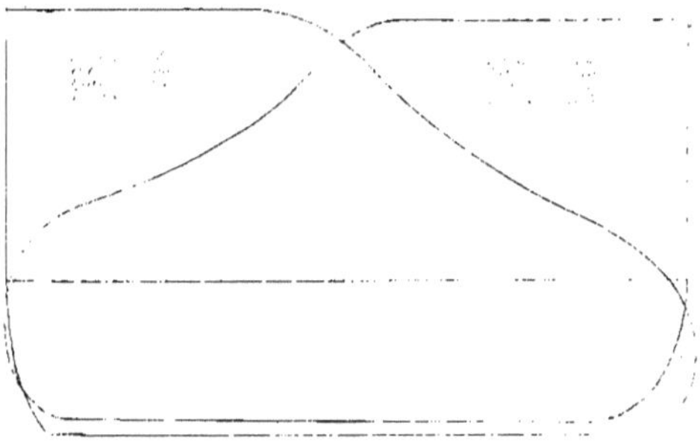

Fig. 2.

Fig. 3.

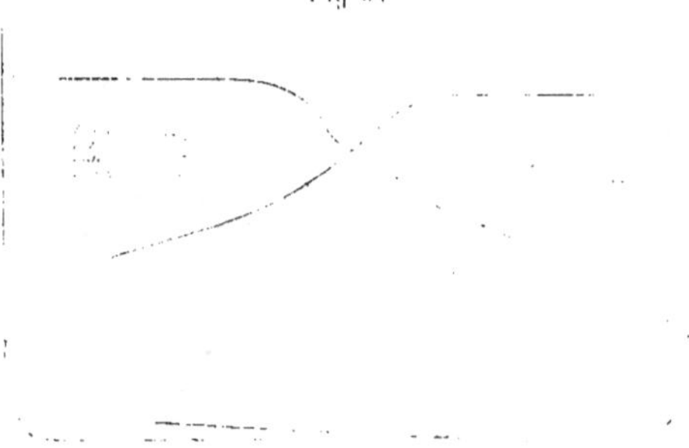

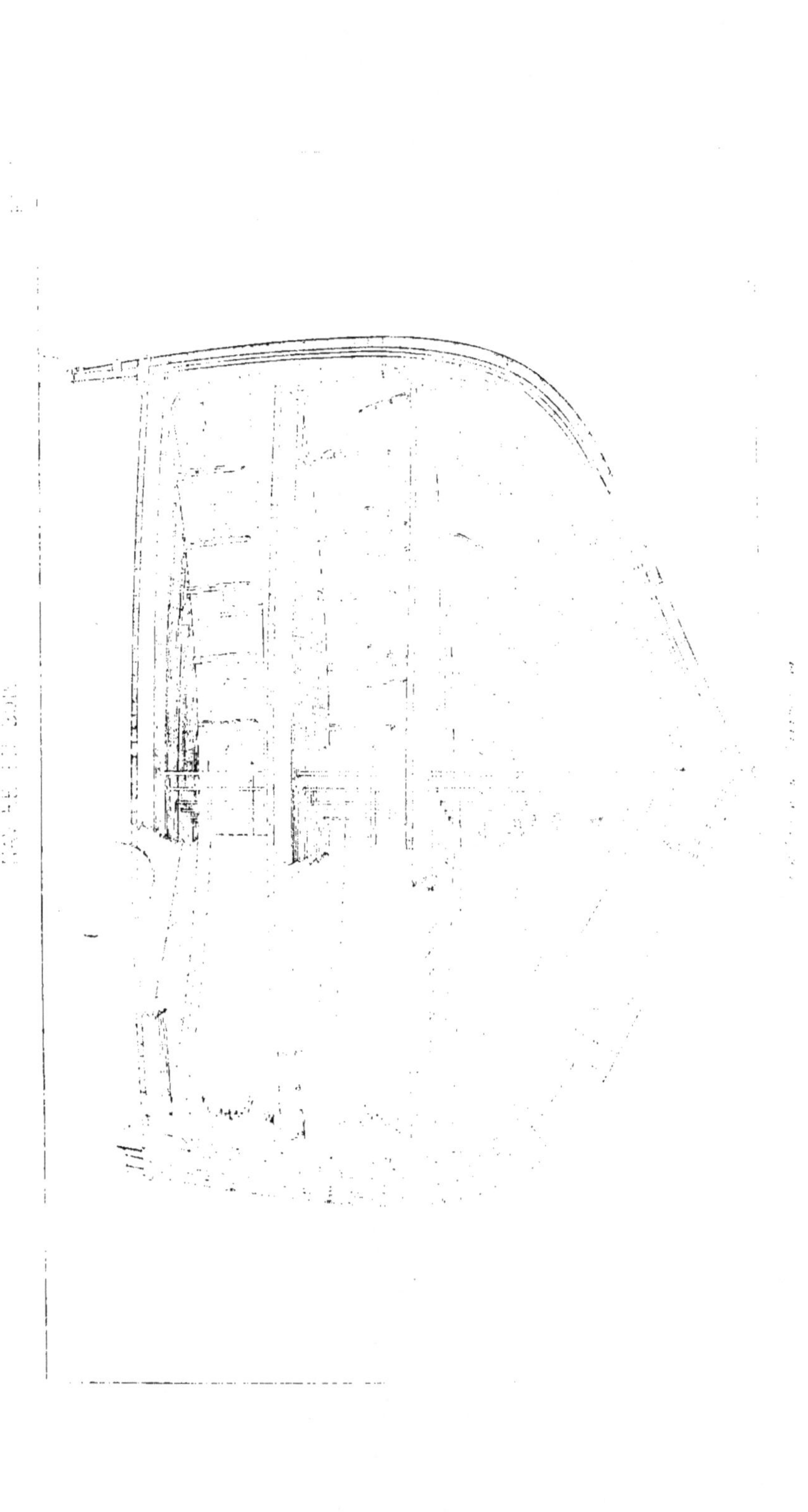

[illegible] SCHOMBERG

Fig. 1.

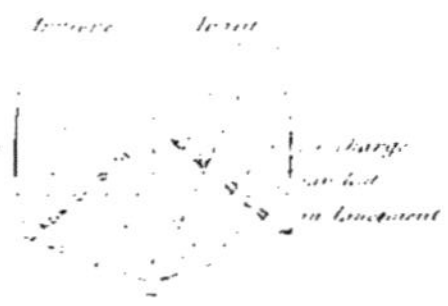

Dimensions principales.

Longueur entre les perpendiculaires	80 mètres
Longueur de quille	75
Largeur hors œuvre	13,70
Largeur dans œuvre	12,80
Creux	9,12
Tonnage	2600 tonnes

Fig. 2.

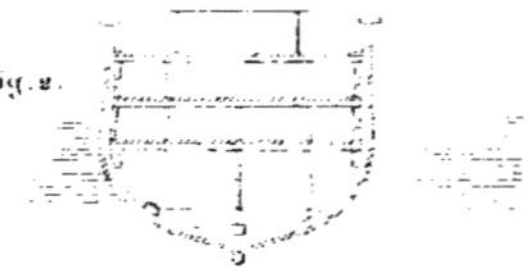

Fig. 3.

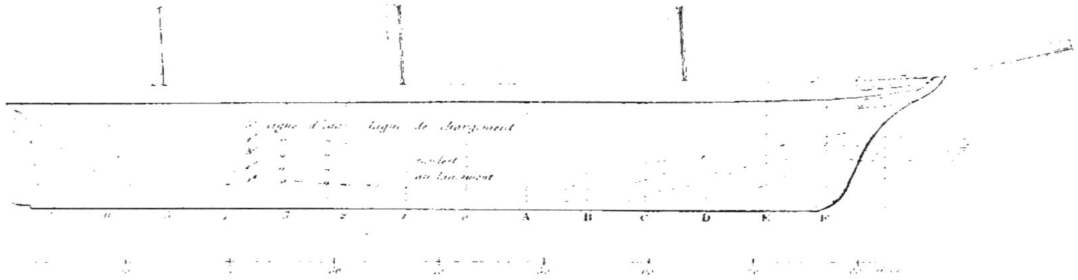

Fig. 4.

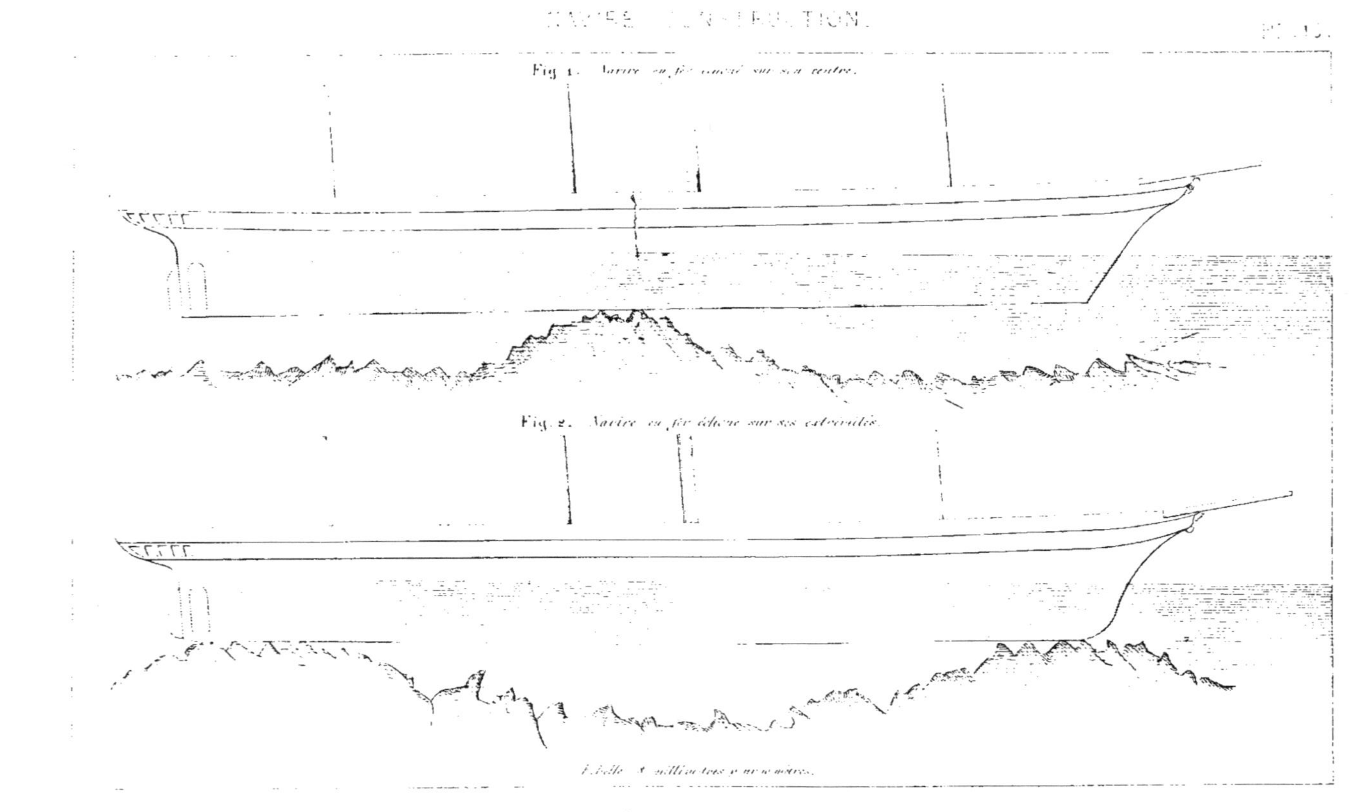

Fig 1. Navire en fer encalé sur son centre.

Fig 2. Navire en fer échoué sur ses extrémités.

Échelle 4 millimètres par mètre.

... DE LA C?? TRANSATLANTIQUE. LIGNE DE NEW-YORK. GRÉEMENT
Fig. 1.
Fig. 2.
Échelle ...

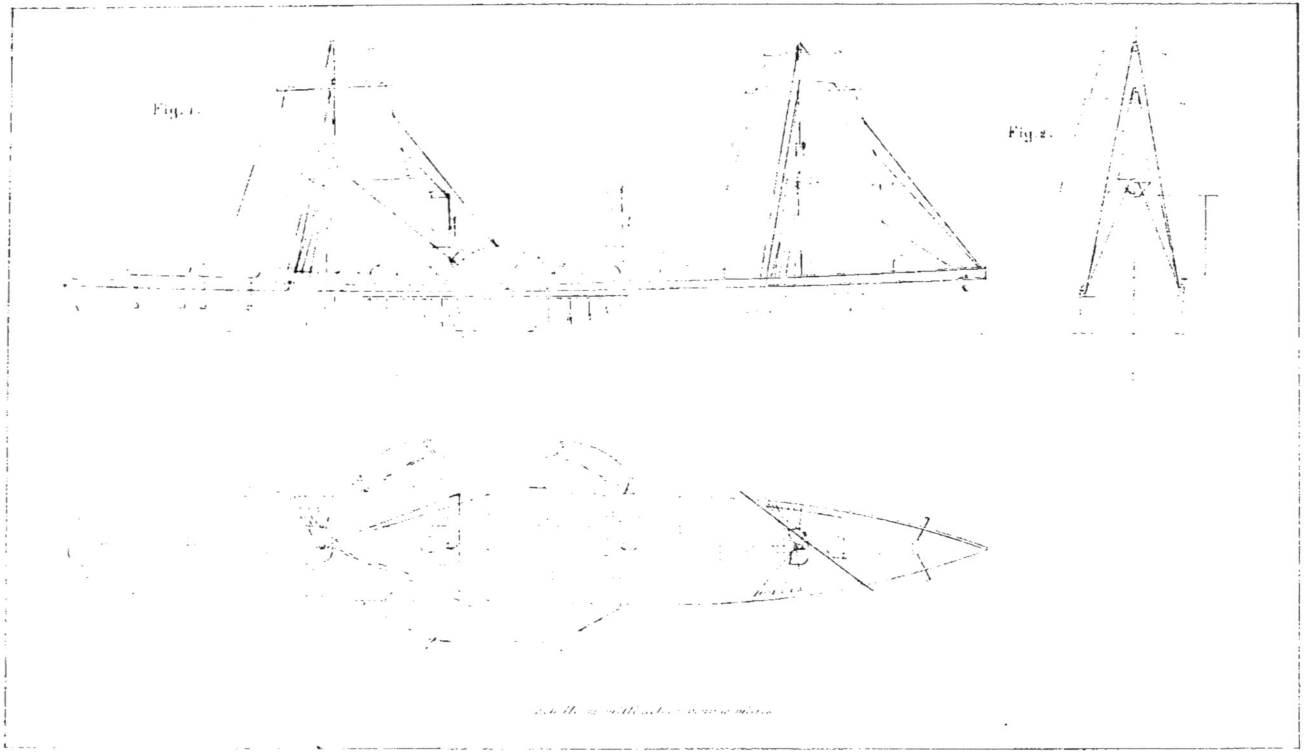

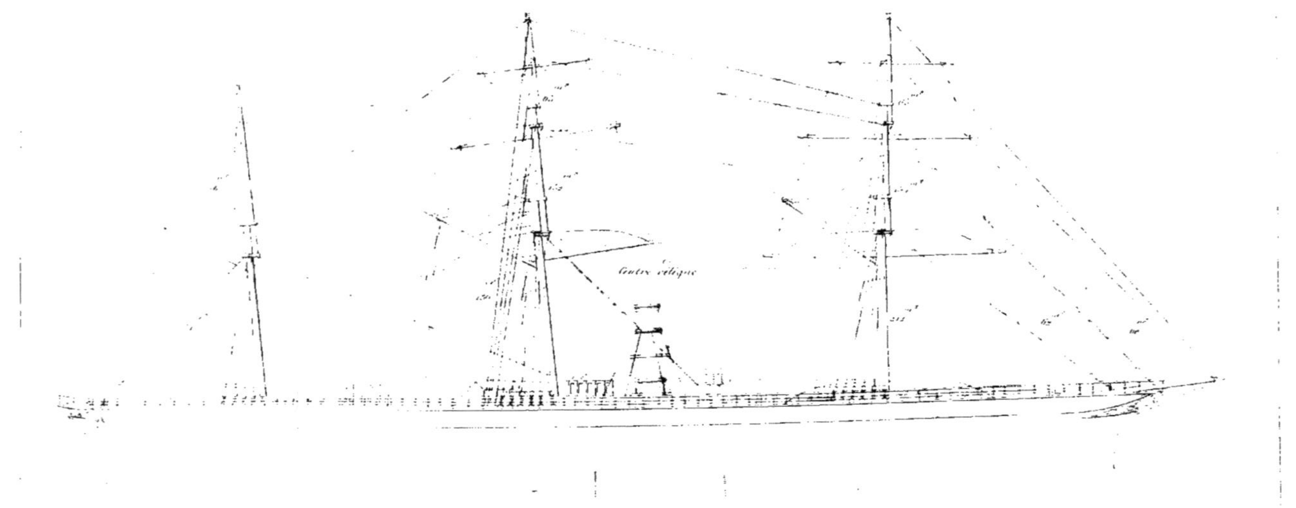
Centre vélique

LA GLOIRE, FRÉGATE DE 900 CHEVAUX ET DE 36 CANONS DE 50
VITESSE AUX ESSAIS 12 NOEUDS. GRÉEMENT.
Pl. 14
Longueur
Largeur
Déplacement
Échelle

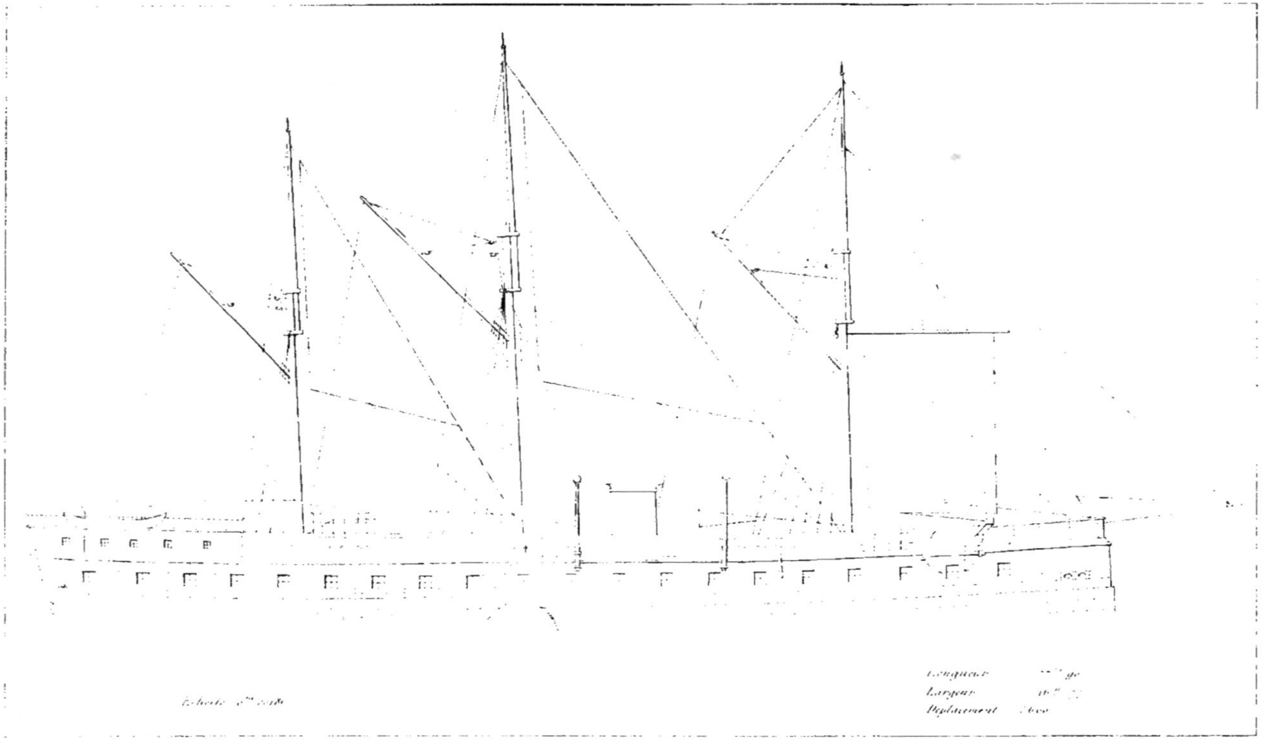

VOILES ET GRÉEMENT. WARRIOR.

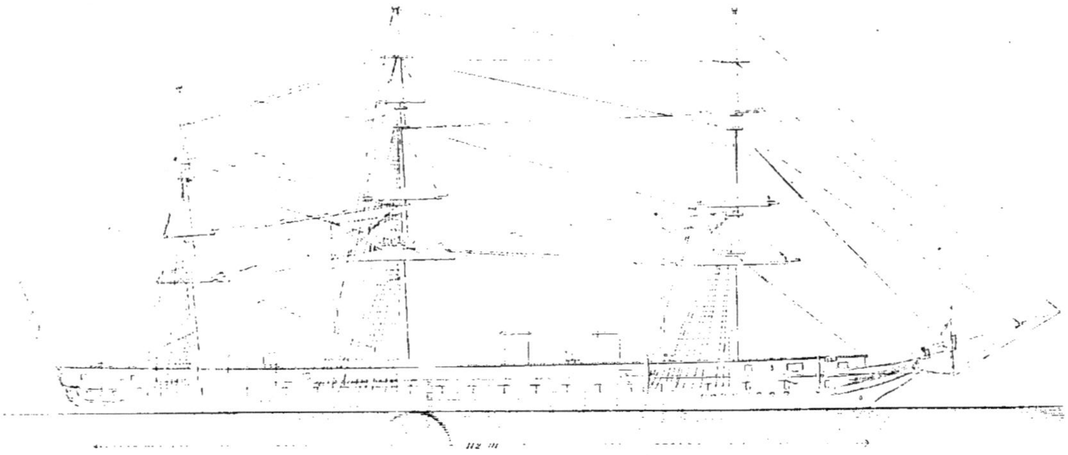

Spardeck.

Fig. 1 — Pont

Maindeck.

Fig. 2 — 2e Pont
Salons et cabines de 1re classe

Fig. 3 — 3e Pont
Cabines de 2e classe

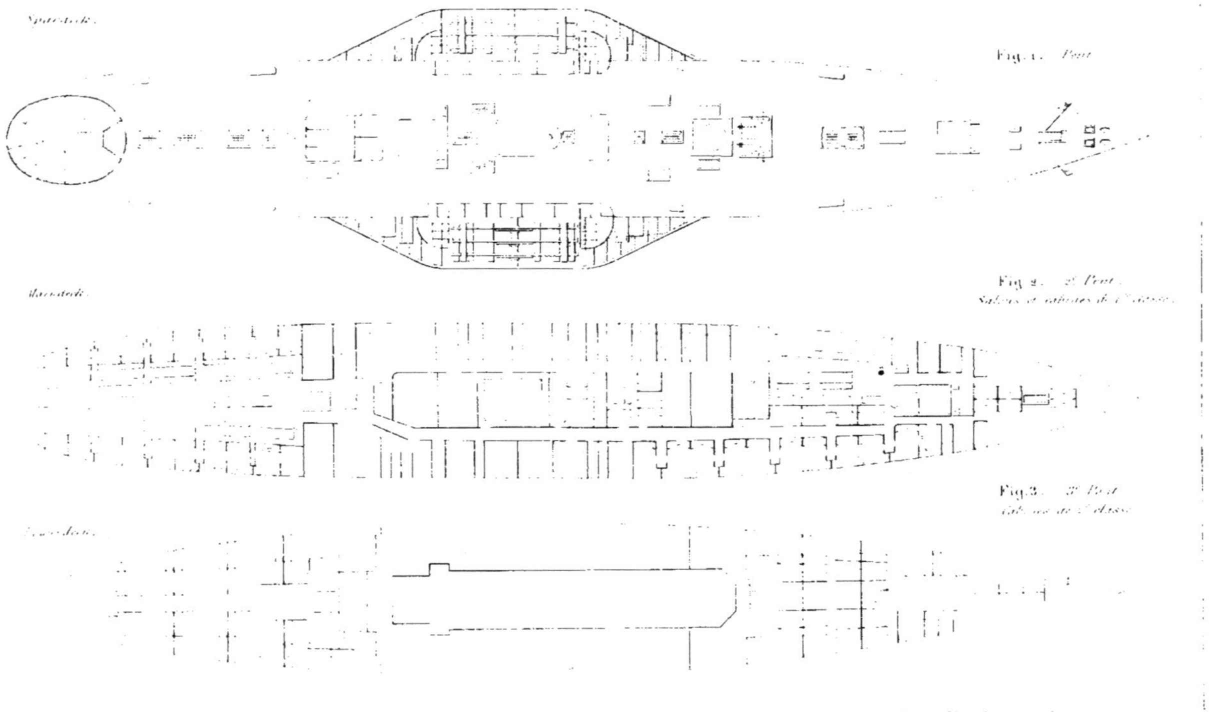

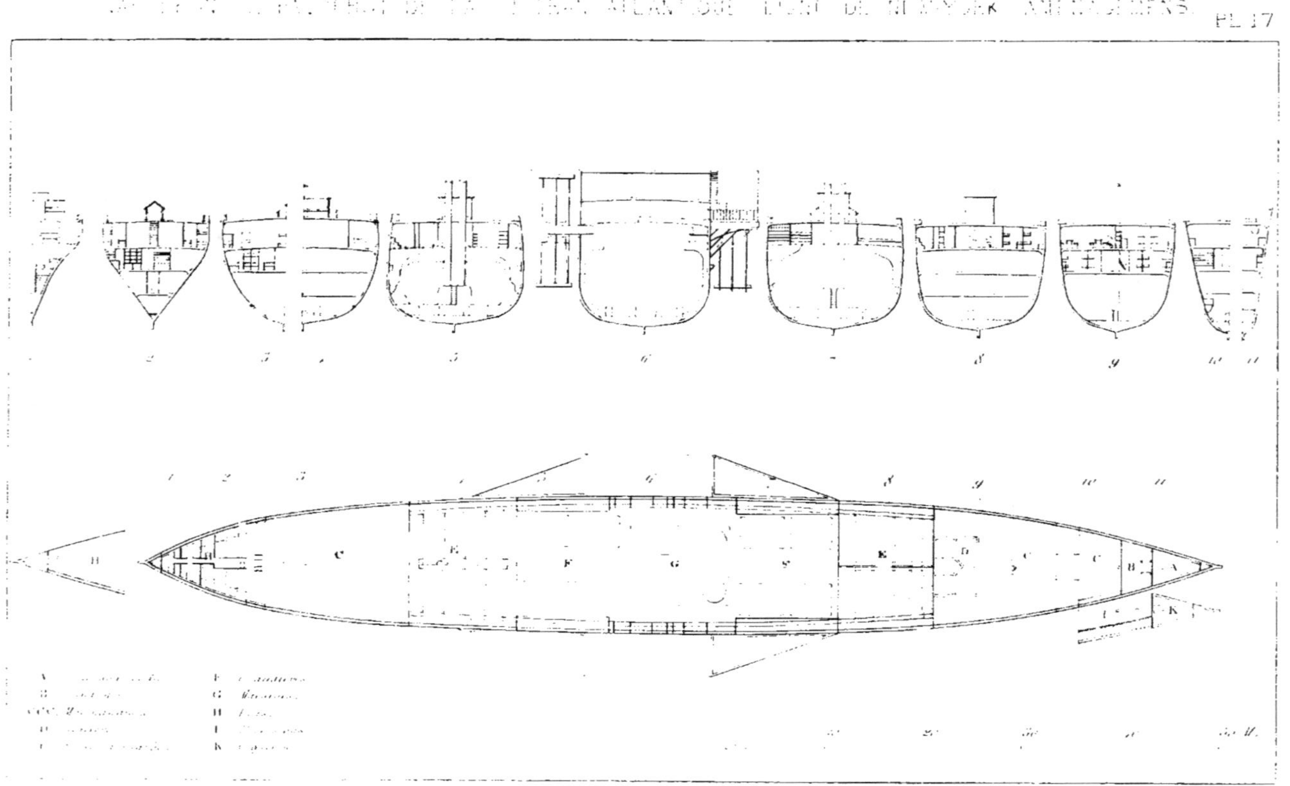
PL. 17

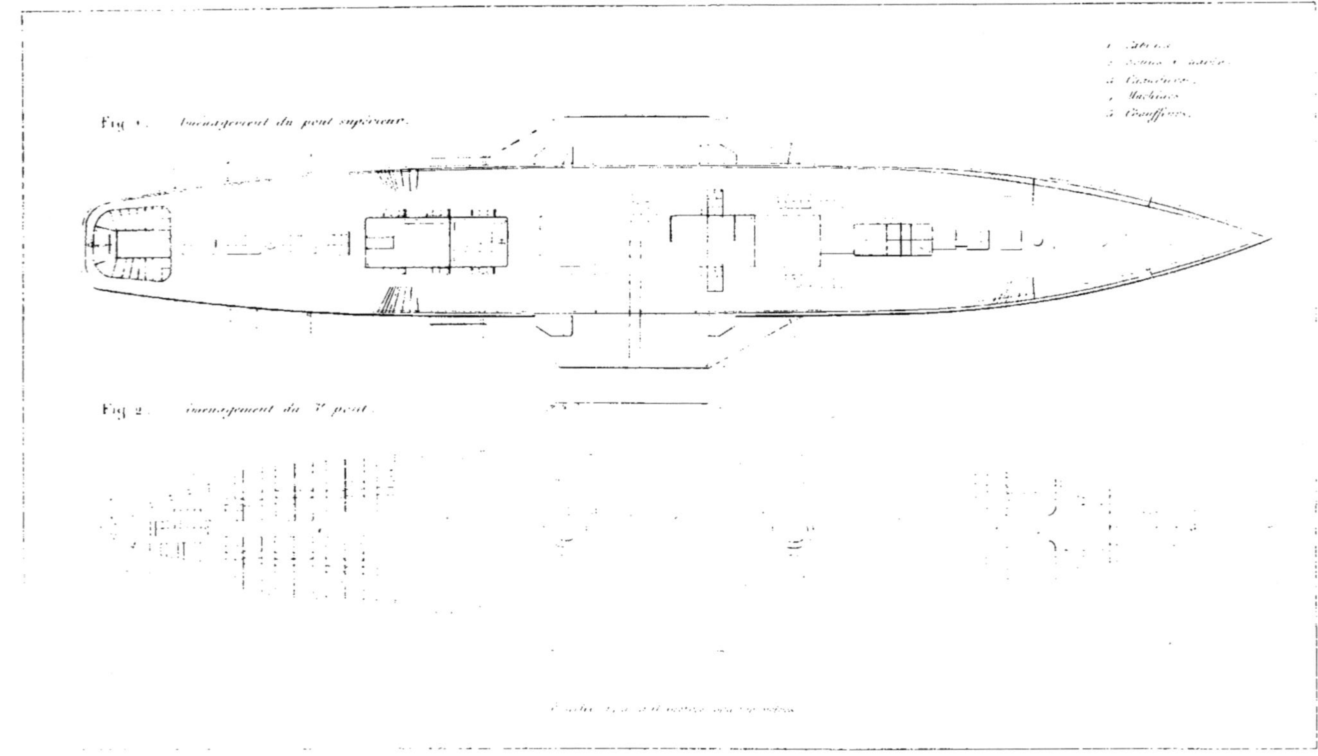

NAVIRE A VAPEUR DE LA Cie TRANSATLANTIQUE   LIGNE DE NEW-YORK   AMÉNAGEMENTS
Fig. 1.   Aménagement du pont supérieur.
Fig. 2.   Aménagement du 2e pont.
1 Salons.
2 Chambres à coucher.
3 Cuisines.
4 Machines.
5 Chaufferies.

Fig. 1. Coupe par l'axe longitudinal.

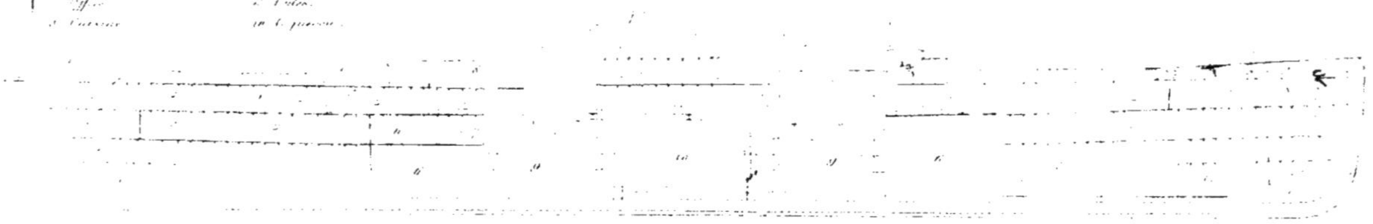

Fig. 2. Aménagement du 1er pont

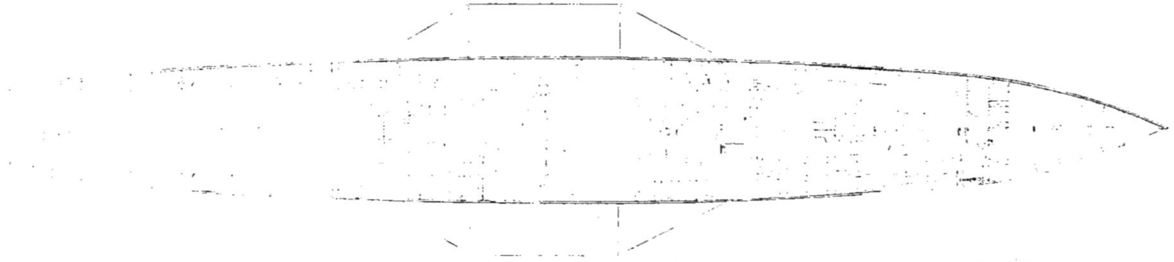

Échelle ... millimètres pour ... mètres

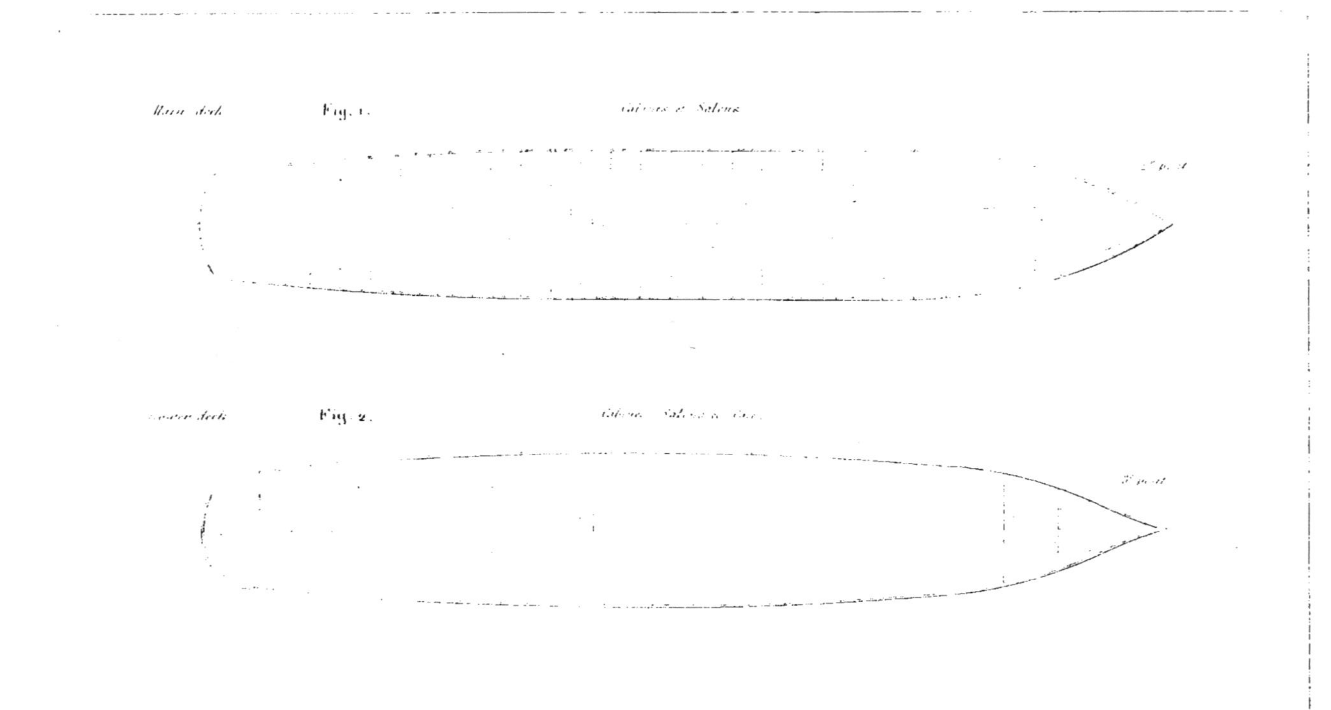

NAVIRE TRANSATLANTIQUE A HÉLICE AMÉNAGEMENS
FIGURES A LA SUITE DU MÉMOIRE DE Mr. SPARRE
PL. 2.
Main deck
Fig. 1.
Cabines et Salons
Lower deck
Fig. 2.
Cabines, Salons et Cales

PAQUEBOT [illegible] SEINE. ROYAL MAIL COMPY

LIGNE DE SOUTHAMPTON À ST THOMAS INDES OCCIDENTALES. AMÉNAGEMENS.

PL. 21.

Spardeck. Voir pl. 16. Arago et pl. 18 Napoléon III.

Fig. 1. Maindeck rangs de cabines.

Fig. 2. Lowerdeck 2 rangs de cabines.

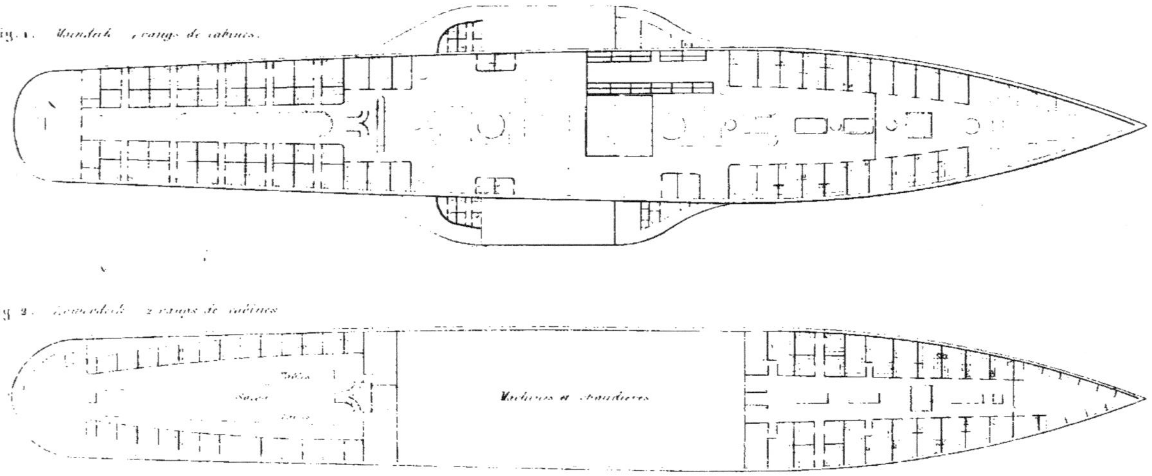

Table
Salon
Machines et chaudières

Surface à la flottaison

NAVIRES TRANSATLANTIQUES DE LA Cie CUNARD PERSIA ET SCOTIA. PL. 22

AMÉNAGEMENTS.

Fig. 1. *Vue du pont. Le toit du Roof A est enlevé sur la moitié de la superficie B. Maindeck.*

A. Toit du Roof.
B. Intérieur du Roof.
C. Cursives.

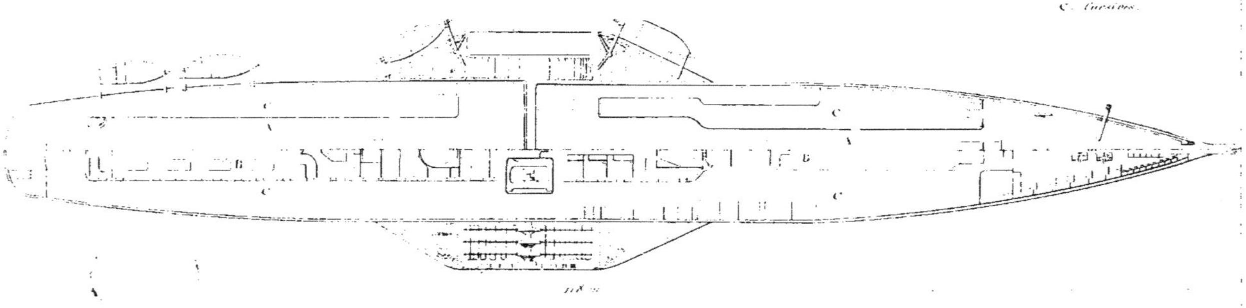

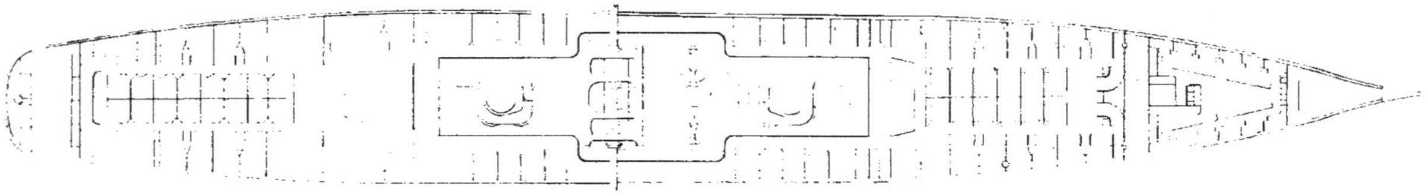

Fig. 2. *Pont à quatre rangées de couchettes. Lowerdeck.*

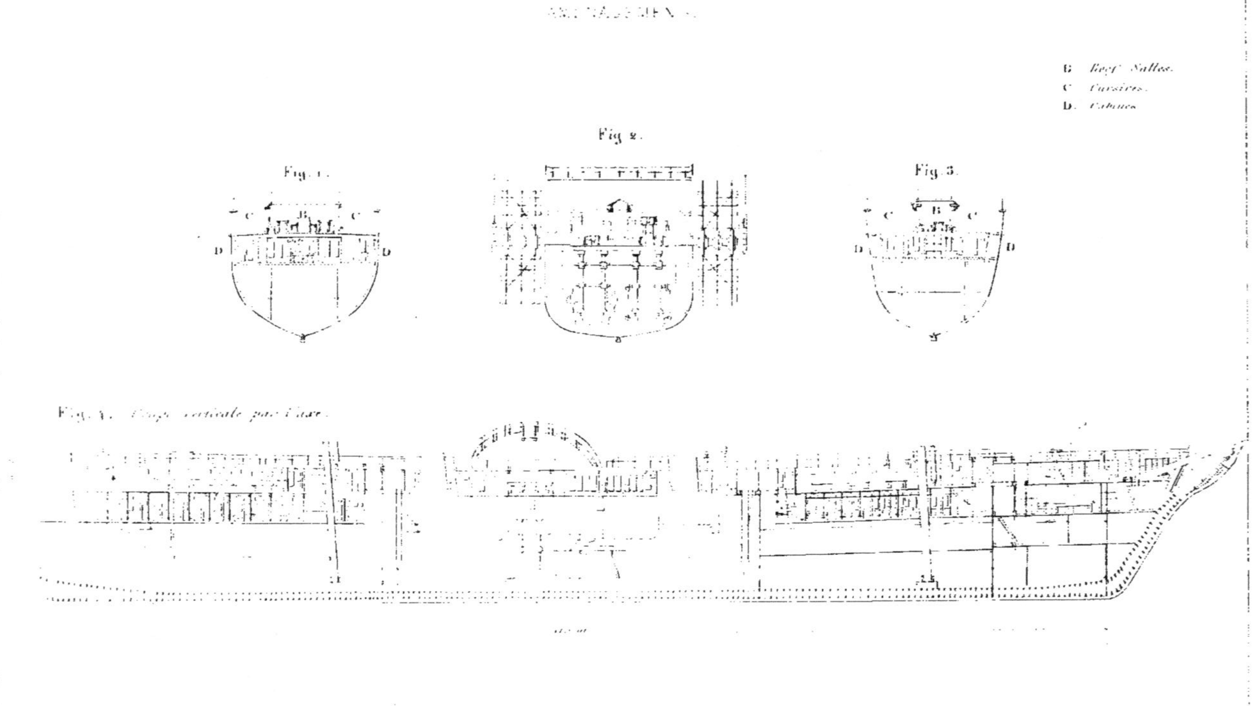

PAQUEBOTS TRANSATLANTIQUES DE LA C.ie CUNARD. PERSIA ET SCOTIA.
PL. 23.
G. Roof Salles.
C. Coursives.
D. Cabines.
Fig. 1.
Fig. 2.
Fig. 3.
Fig. 4. Coupe verticale par l'axe.

PEREIRE. COMPie GLE TRANSATLANTIQUE. LIGNE DE NEW-YORK

AMÉNAGEMENTS.

PL. 24

Main deck à tirer, comme les steamers Persia et Scotia. Pl. 22 et 23.

Main deck. Douze rangs et quatre rangs de cabines.

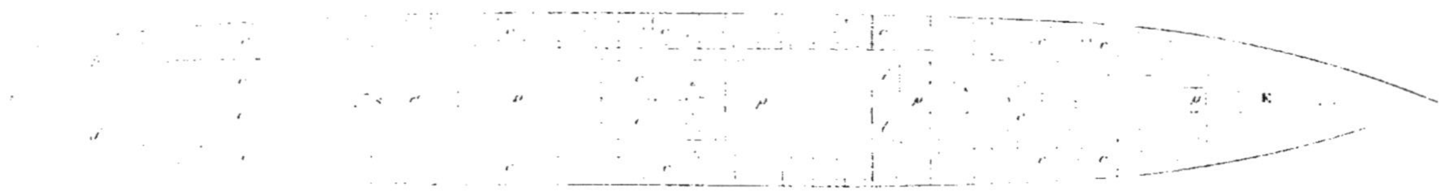

115,58

Longueur au pont supérieur	[illegible]
» à la flottaison	1,47
Largeur	12,75
Surface	
Déplacement	

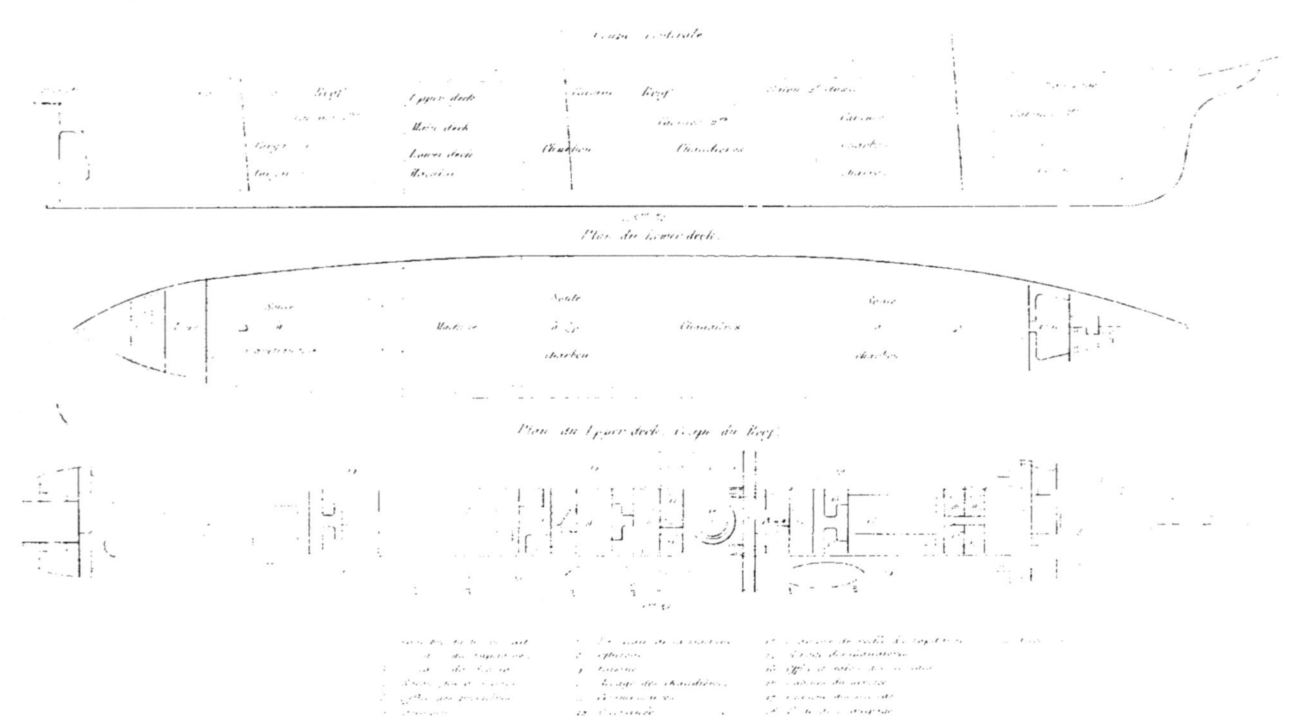
PL. 25.
Coupe verticale
Upper deck
Main deck
Lower deck
Chaudières
Plan du Lower deck
Chaudières
Plan du Upper deck, coupe du Roof

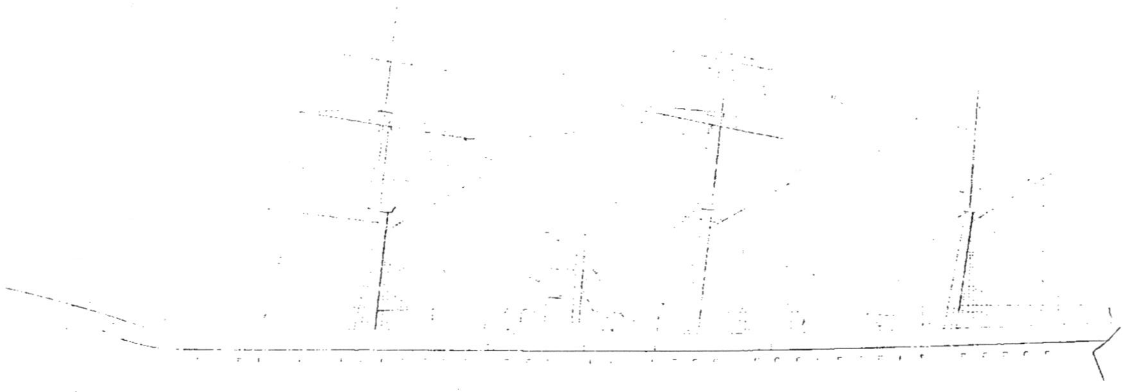

PAQUEBOT A ROUES DE LA C.ie ORIENTALE ET PENINSULAIRE. DELTA.

SOUTHAMPTON A ALEXANDRIE. AMÉNAGEMENS

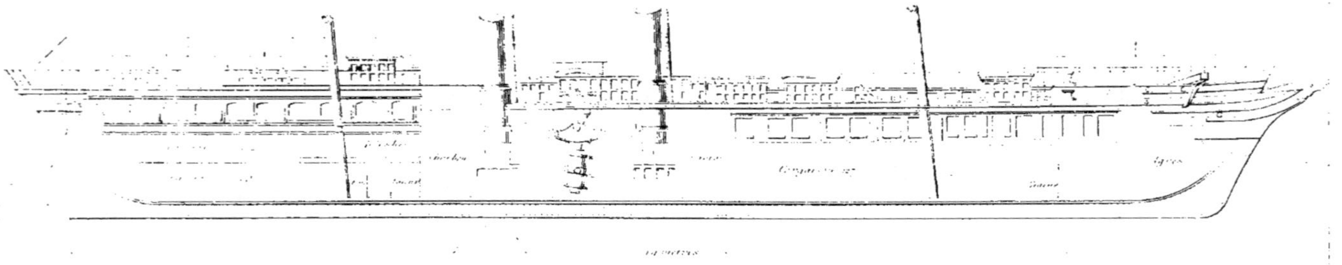

Pl. 26.

Navigation du Pacifique. — Panama, San Francisco.

Dessiné et lithographié … Auvdig, à Liège

COMPAGNIE ... DE NAVIGATION ... PAQUEBOT ... NUBIA. SPARDECK

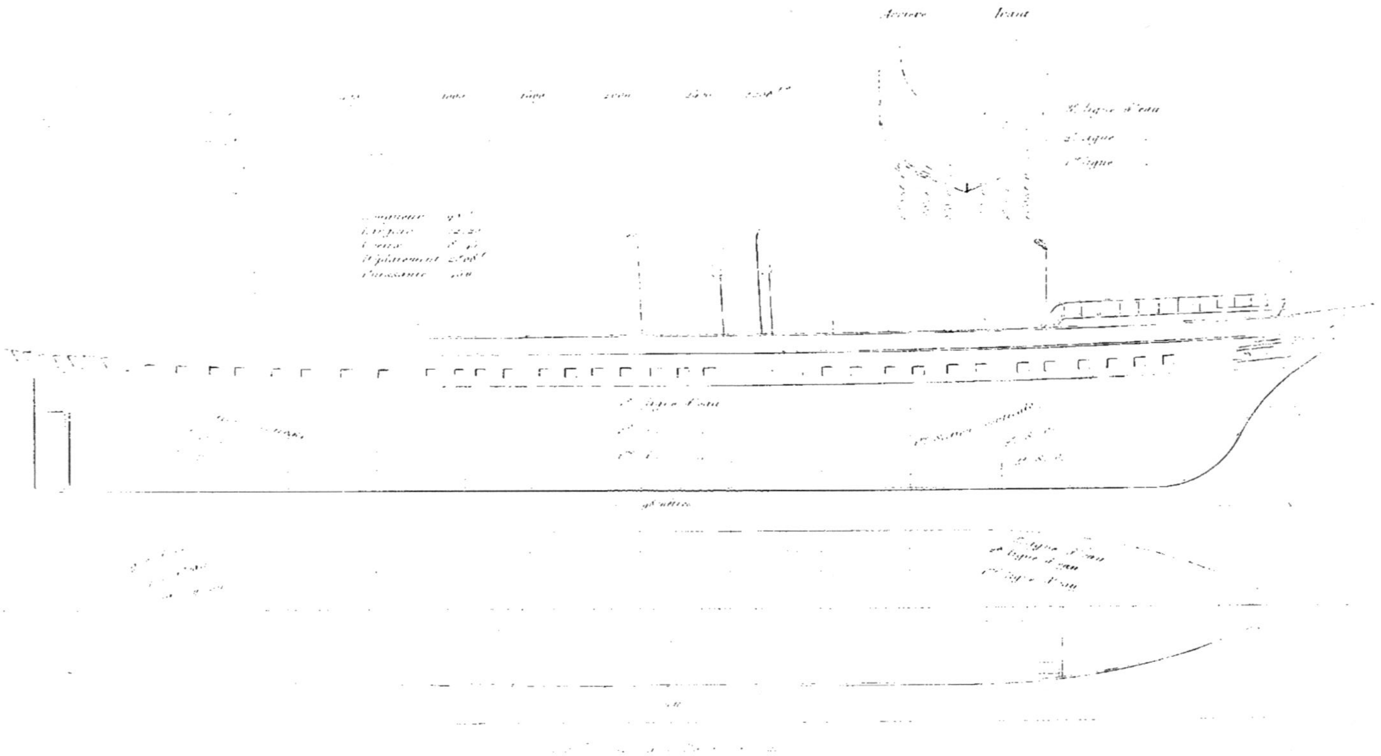

Pl. 28

Arrière   Avant

3e ligne d'eau
2e ligne
1e ligne

3e ligne d'eau
2e ligne d'eau
1re ligne d'eau

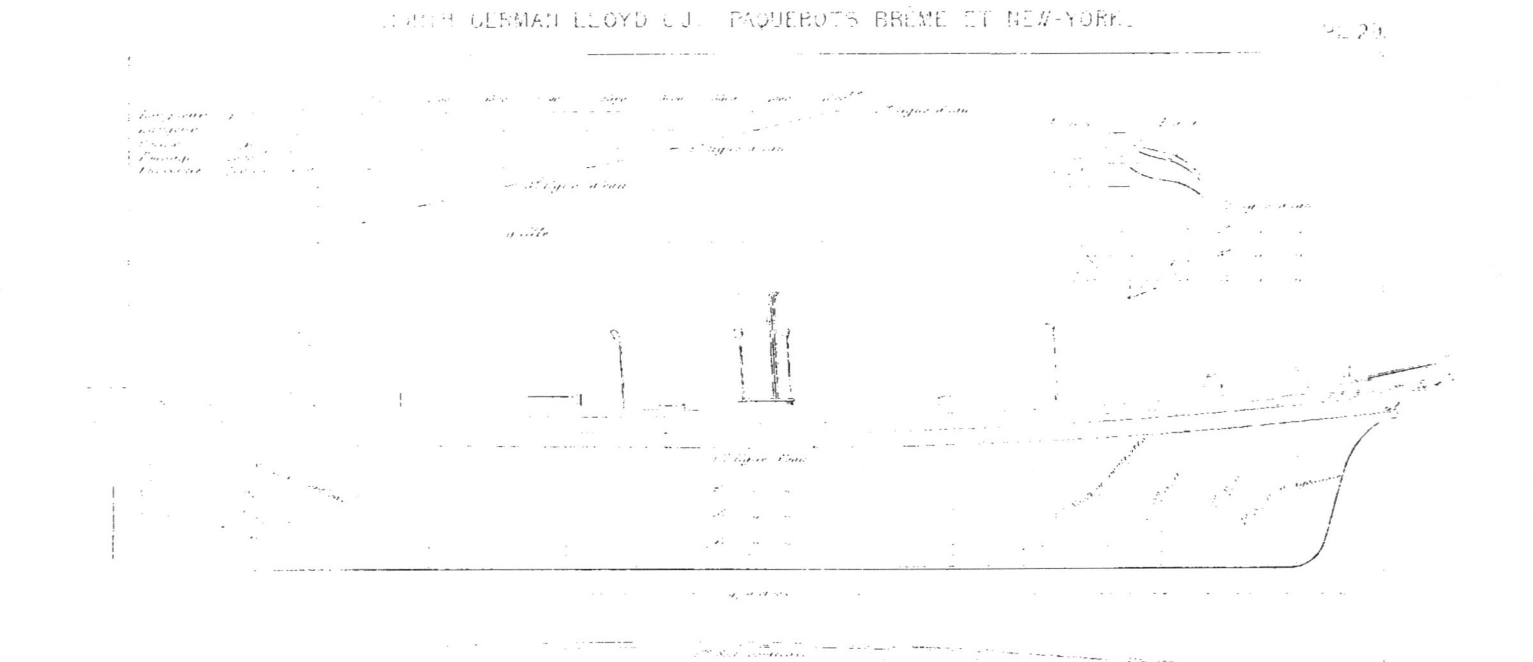
NORTH GERMAN LLOYD C[o]. — PAQUEBOTS BRÊME ET NEW-YORK.
Ligne d'eau
Ligne d'eau
Ligne d'eau
Ligne d'eau
quille

GRÉEMENT ET VOILURE   PROPOSÉS PAR LE CAPITAINE SOLEIL
PL. 30.
Steamer à hélice.   Mâts en fer à deux

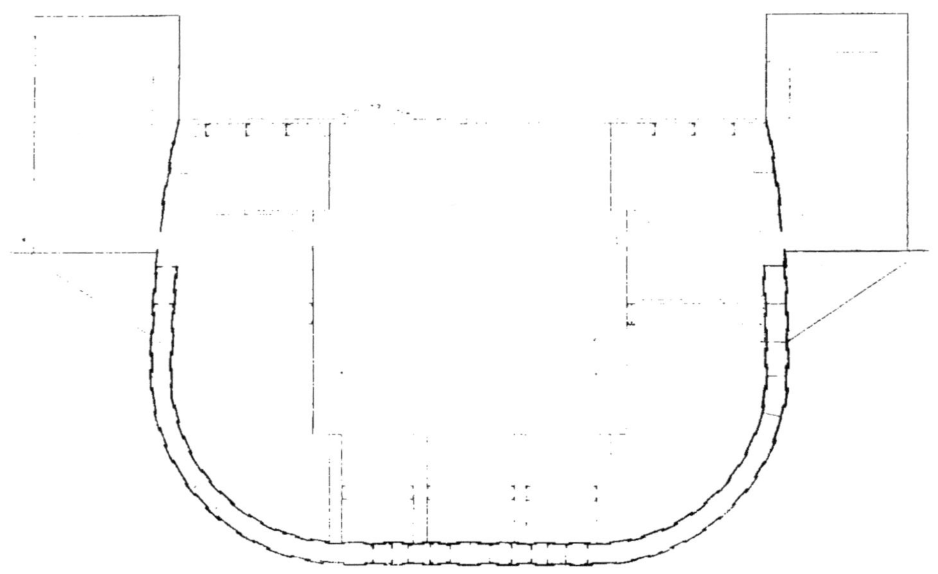

GREAT-EASTERN. COUPE PAR L'ARBRE DES ROUES
PL. 31.

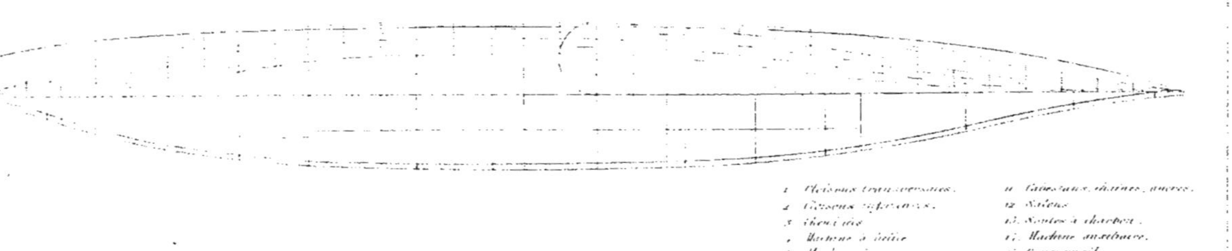
GREAT EASTERN. CONSTRUCTION. AMÉNAGEMENS. LIGNES.
Pl. 82.
Section longitudinale.
Plan et lignes du navire. Voir Pl. X.
1 Cloisons transversales.
2 Cloisons inférieures.
3 Chaudières.
4 Machine à hélice.
5 Machine à roues.
6 Chaufferie de la M. à hélice.
7 Chaudières de la M. à roues.
8.9 Carpories.
10 Officiers équipage.
11 Cabestaux, chaines, ancres.
12 Salons.
13 Soutes à charbon.
14 Machine auxiliaire.
15 Gouvernail.
16 Hélice.
17 Tunnel de l'arbre de l'hélice.
18 Roues.
19 ...

GREAT EASTERN. GREEMENT. LIGNES D'EAU. PL. 38.

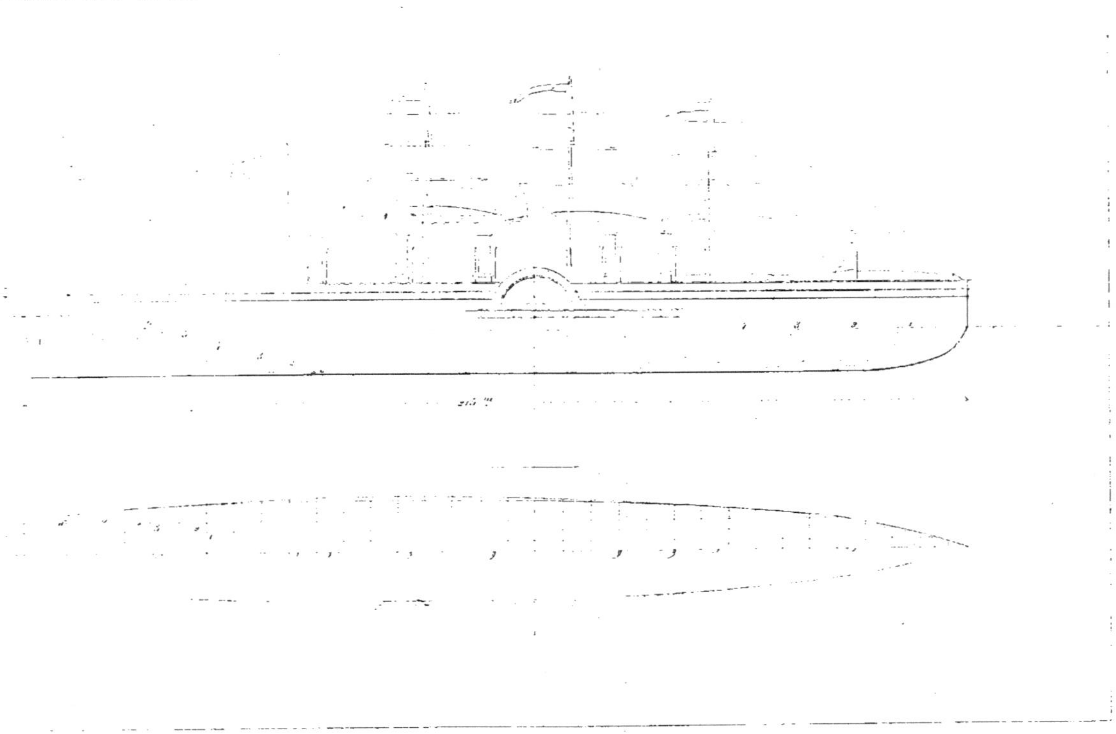

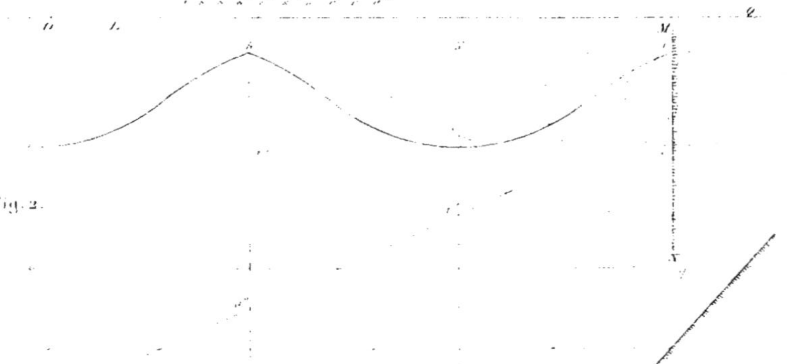

Fig. 1.
Fig. 2.
Pl. 33.

COURBE DES UTILISATIONS.   COURBE DES DÉPLACEMENTS.   Pl. 35.

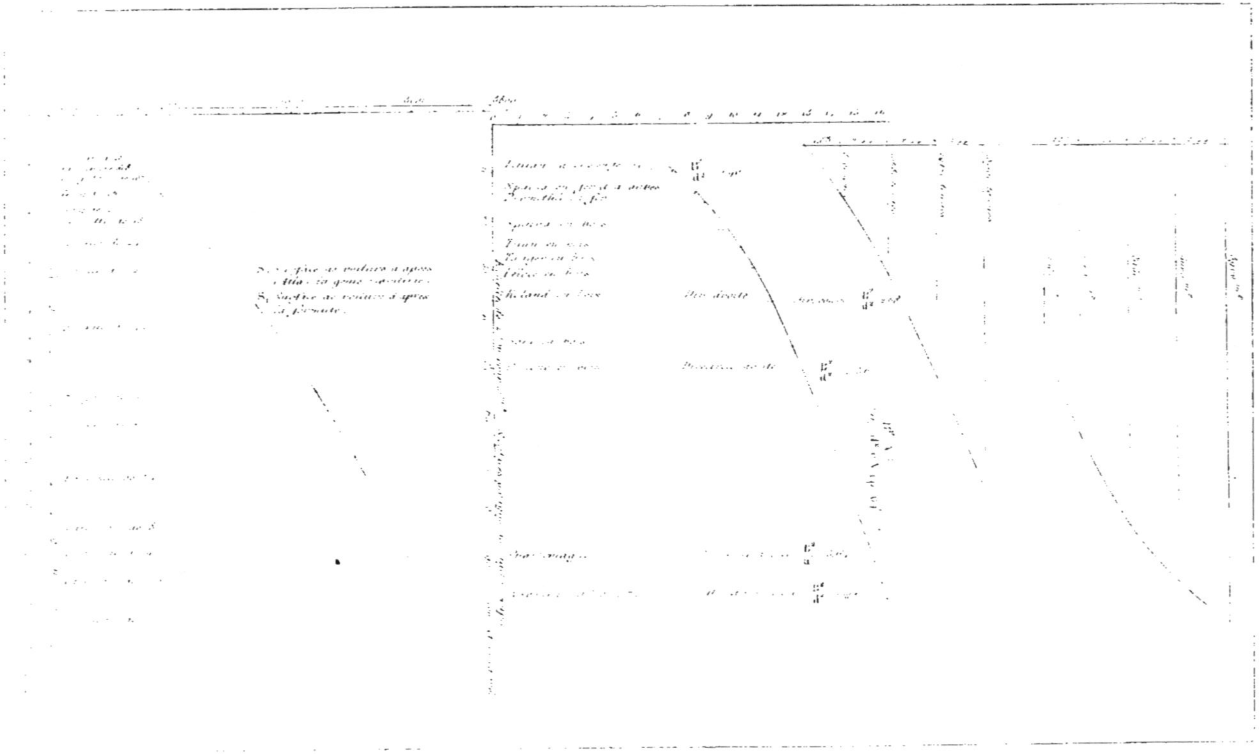

ÉCHELLE DE DÉPLACEMENT D'UN TRANSATLANTIQUE A HELICE.

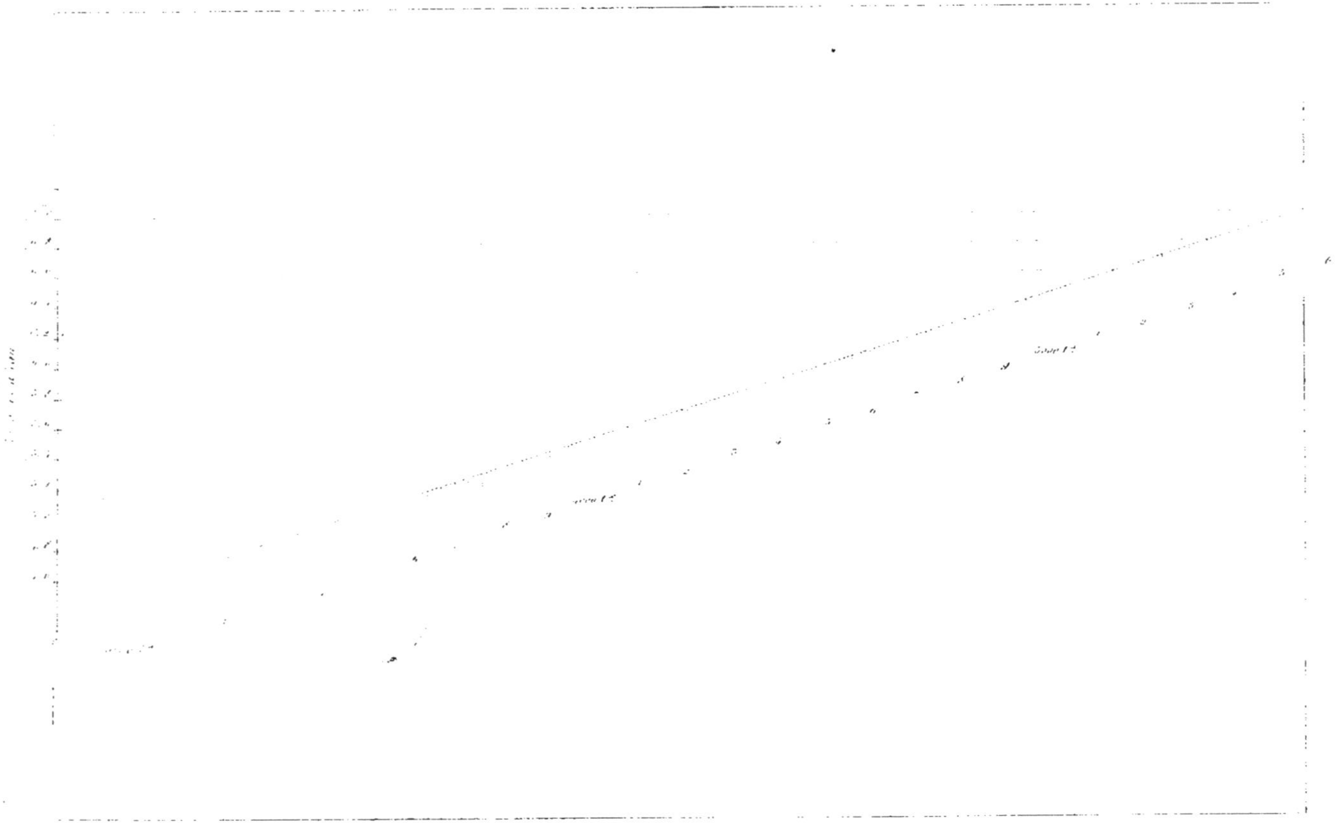

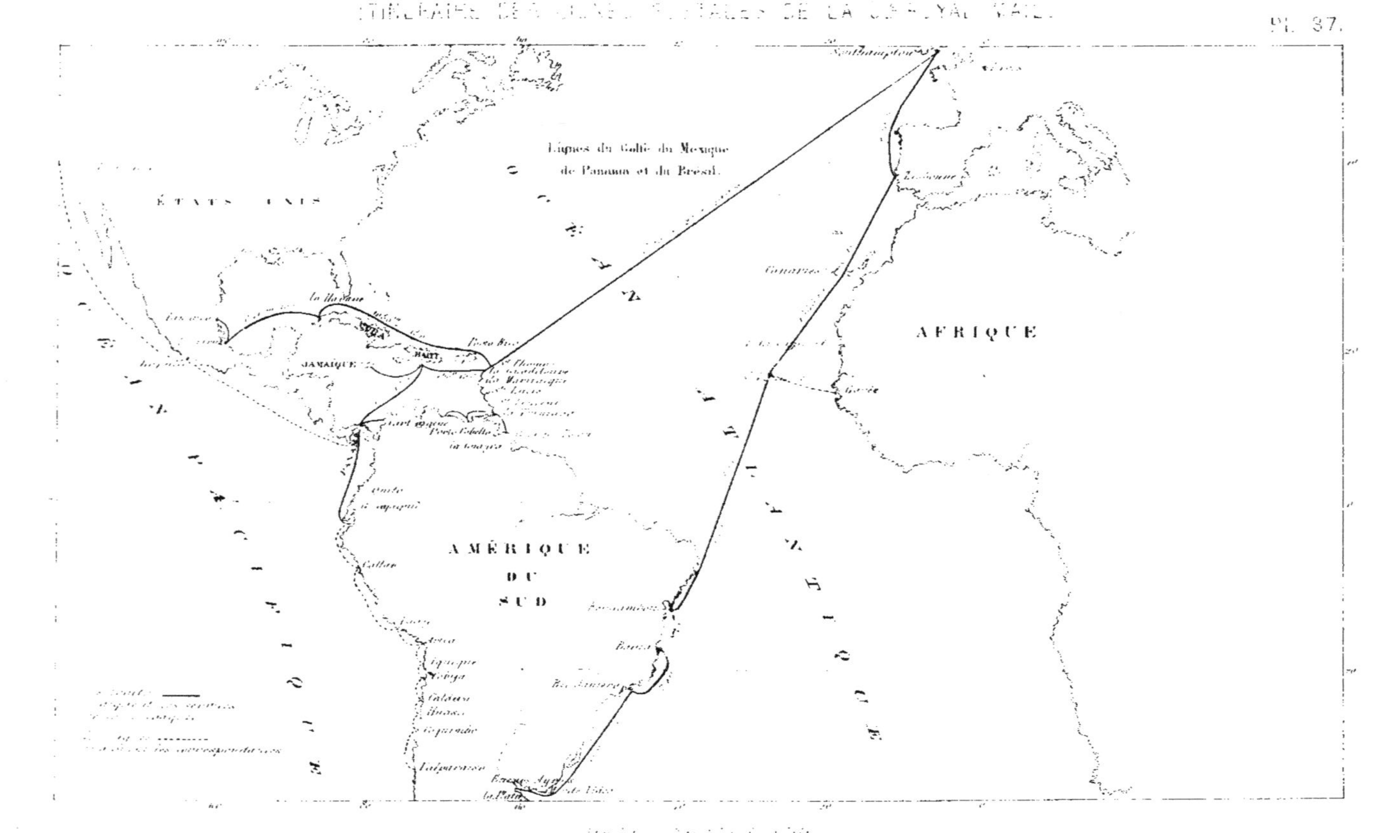

ITINÉRAIRES DES LIGNES POSTALES DE LA ROYAL MAIL
Pl. 37.
Lignes du Golfe du Mexique
de Panama et du Brésil.
ÉTATS-UNIS
AFRIQUE
AMÉRIQUE DU SUD
OCÉAN ATLANTIQUE
OCÉAN PACIFIQUE
Southampton
Lisbonne
Canaries
CUBA
HAITI
JAMAIQUE
la Havane
Porto-Rico
la Dominique
la Guadeloupe
la Martinique
Ste Lucie
Carthagène
Porto-Cabello
la Guayra
Quito
Guayaquil
Callao
Arica
Iquique
Cobija
Caldera
Huasco
Coquimbo
Valparaiso
Pernambouc
Bahia
Rio Janeiro
Buenos Ayres
la Plata

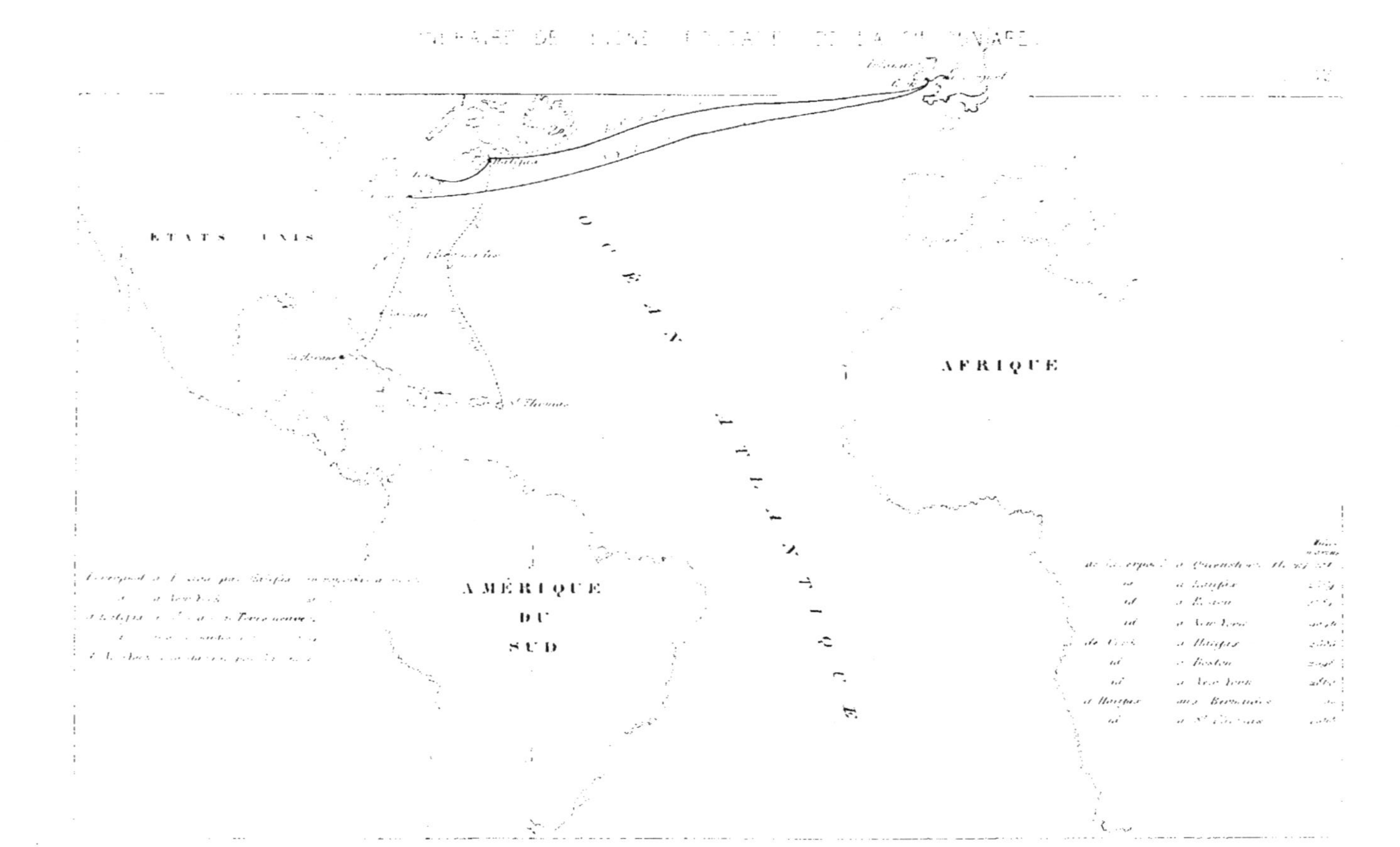
ÉTATS UNIS
AMÉRIQUE DU SUD
AFRIQUE
OCÉAN ATLANTIQUE

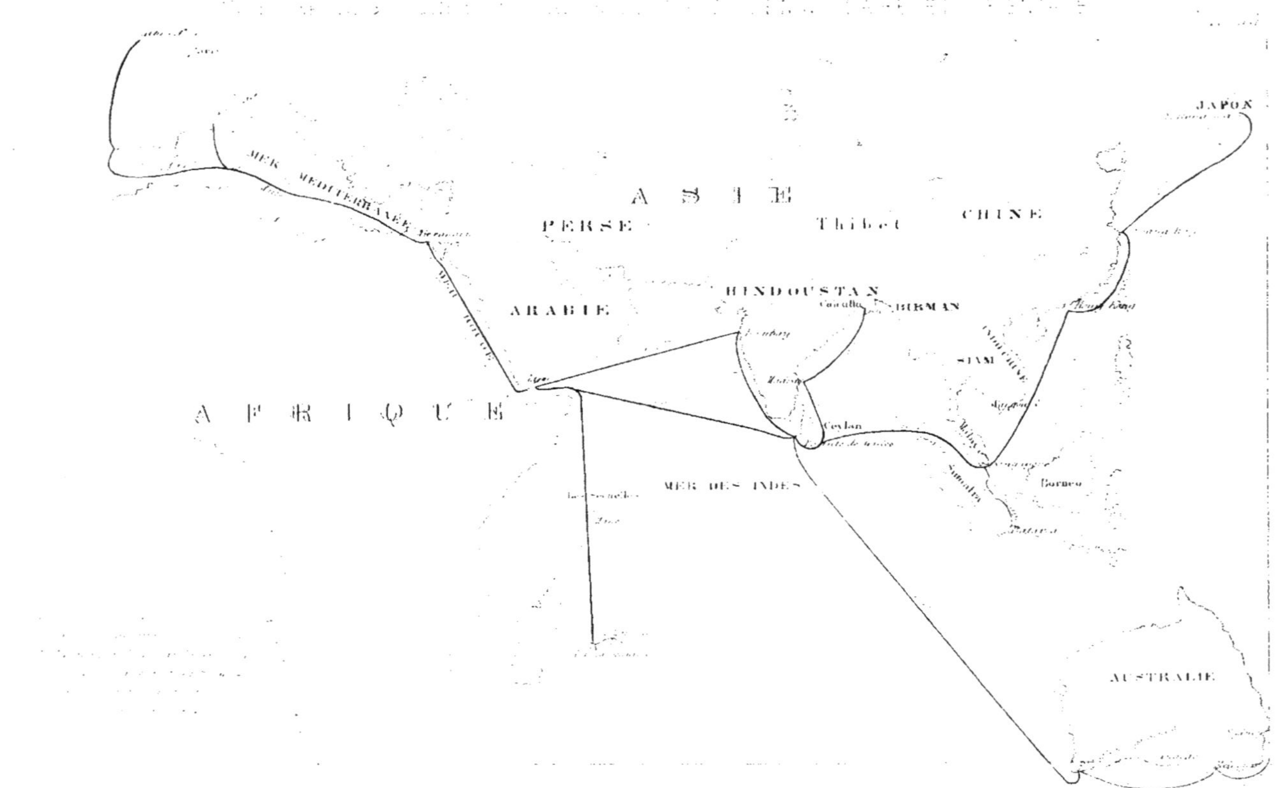

ASIE
PERSE
Thibet
CHINE
JAPON
HINDOUSTAN
BIRMAN
SIAM
INDO-CHINE
ARABIE
MER MÉDITERRANÉE
AFRIQUE
MER DES INDES
Ceylan
Sumatra
Bornéo
Java
AUSTRALIE

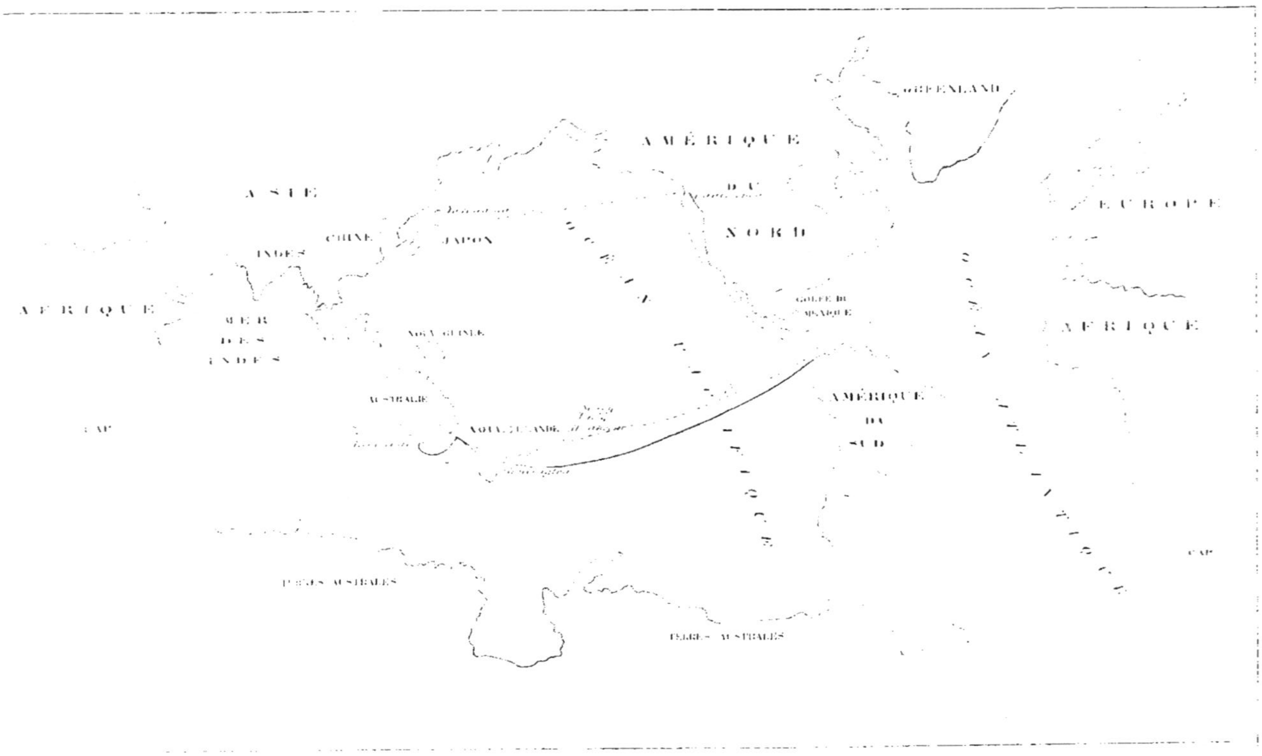

GREENLAND
AMÉRIQUE DU NORD
ASIE
CHINE
JAPON
INDES
MER DES INDES
NOLLE GUINÉE
AUSTRALIE
NOLLE ZÉLANDE
CAP
TERRES AUSTRALES
TERRES AUSTRALES
GOLFE DU MEXIQUE
AMÉRIQUE DU SUD
AFRIQUE
EUROPE
AMÉRIQUE
OCÉAN PACIFIQUE
OCÉAN ATLANTIQUE
CAP

ITINÉRAIRE DES LIGNES POSTALES DE LA ... DE TRANSATLANTIQUE 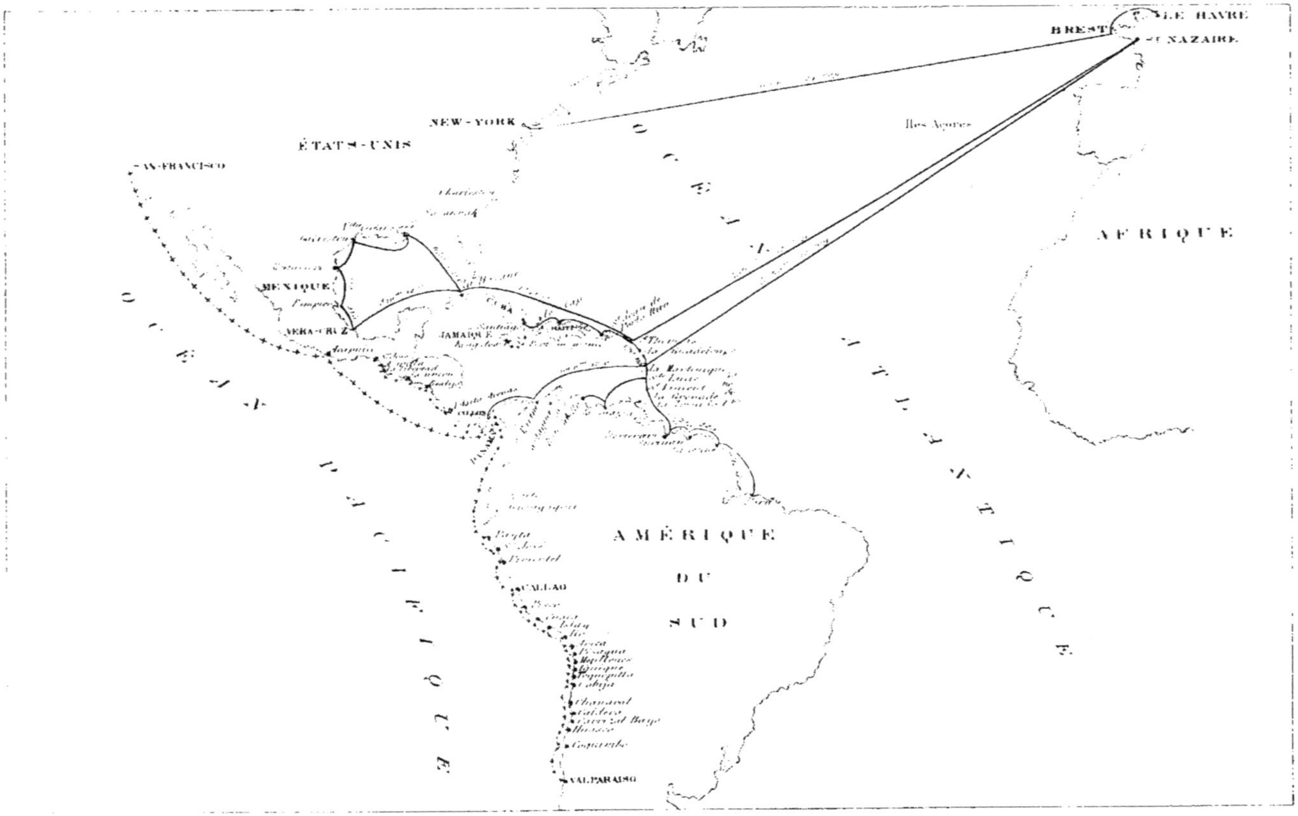
LE HAVRE
BREST
ST NAZAIRE
NEW-YORK
ÉTATS-UNIS
SAN-FRANCISCO
MEXIQUE
VERA-CRUZ
CUBA
JAMAÏQUE
CALLAO
AMÉRIQUE
DU
SUD
VALPARAISO
AFRIQUE
Iles Açores
OCÉAN ATLANTIQUE
OCÉAN PACIFIQUE
Établ. et imp. de J. Daveluy à Liège

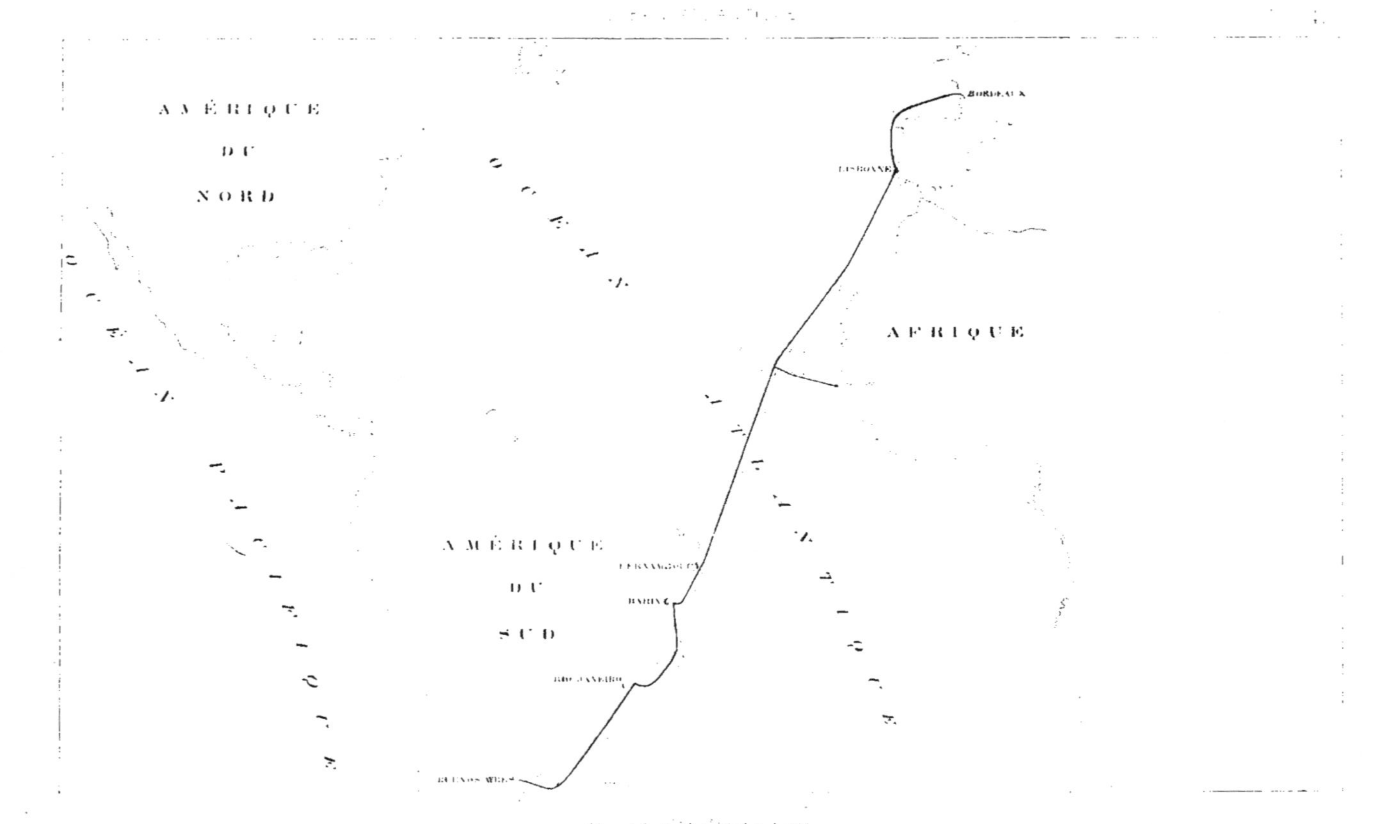

AMÉRIQUE DU NORD
AMÉRIQUE DU SUD
AFRIQUE
OCÉAN PACIFIQUE
OCÉAN ATLANTIQUE
BORDEAUX
LISBONNE
FERNAMBOUC
BAHIA
RIO JANEIRO
BUENOS AYRES

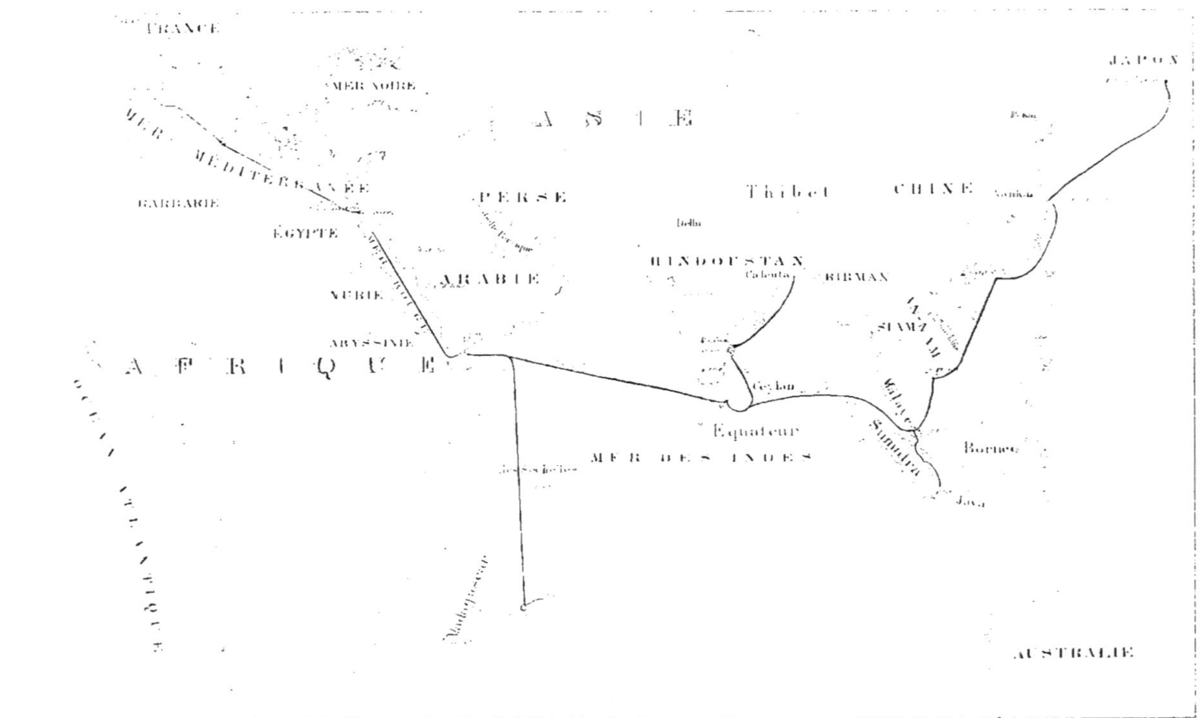

FRANCE
JAPON
ASIE
MER NOIRE
MER MÉDITERRANÉE
BARBARIE
PERSE
Thibet
CHINE
Pékin
ÉGYPTE
Delhi
HINDOUSTAN
Calcutta
BIRMAN
Nankin
ARABIE
NUBIE
MER ROUGE
SIAM
ABYSSINIE
AFRIQUE
Ceylan
Malaca
Équateur
Sumatra
Bornéo
MER DES INDES
Java
Madagascar
OCÉAN ATLANTIQUE
AUSTRALIE

Lignes d'eau.
Fig. 1. Élévation. 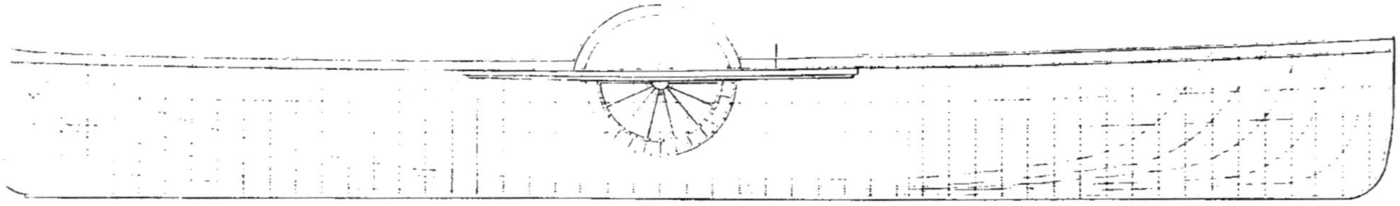
Fig. 2. Plan. Projection des lignes d'eau. 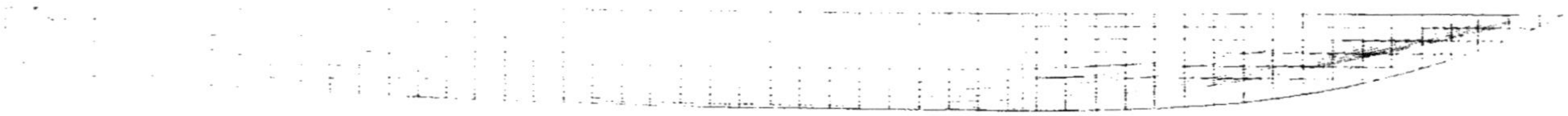
Fig. 3. Plan. Projection des lignes d'eau. 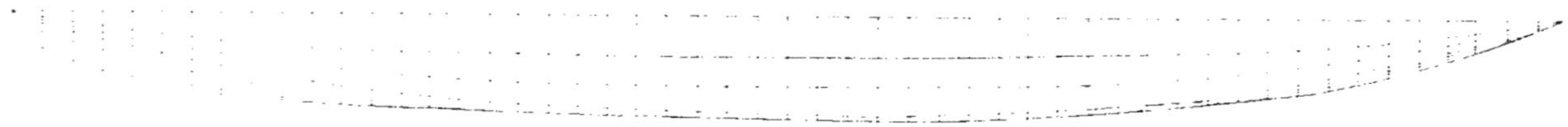
Échelle de 5 millimètres pour le mètre.

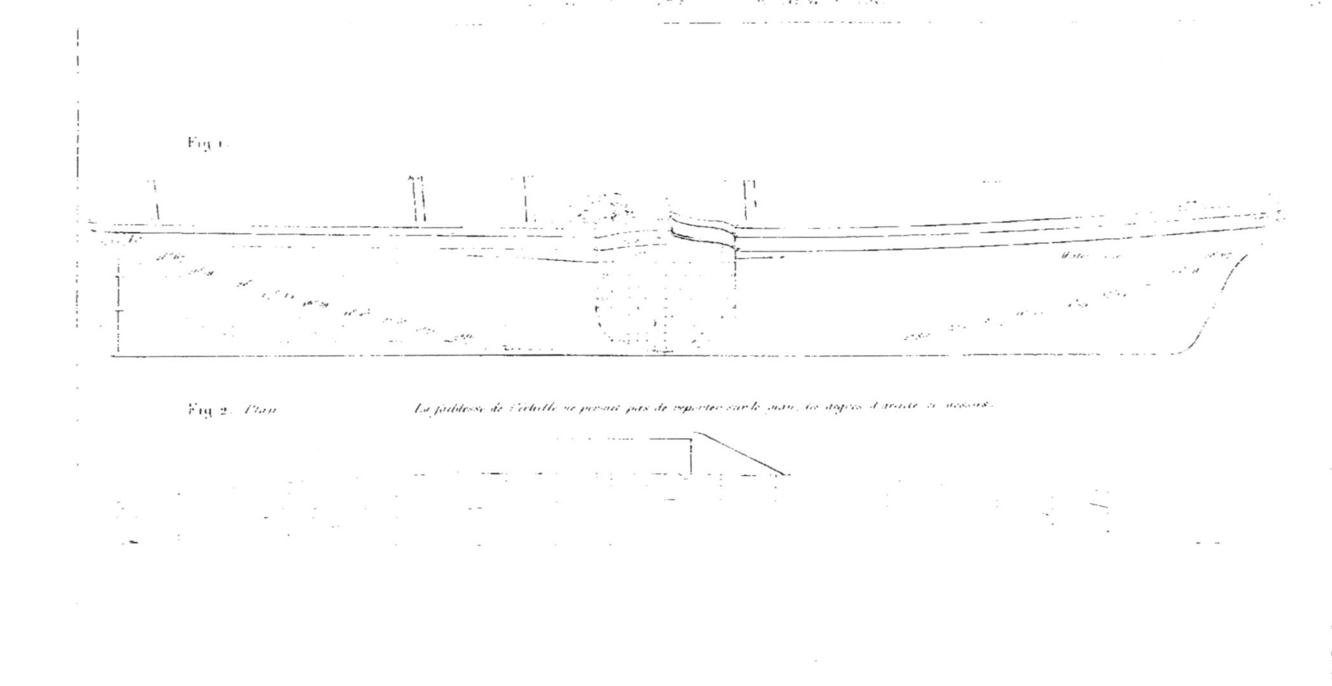

Fig. 1.
Fig. 2. Plan.
La faiblesse de l'échelle ne permet pas de reporter sur le plan, les degrés d'arcade ci-dessus.

GREAT-EASTERN CONSTRUCTION CELLULAIRE